Systematische Analyse und Entwurf von Regelungseinrichtungen auf Basis von Lyapunov's direkter Methode

Rick Voßwinkel

Systematische Analyse und Entwurf von Regelungseinrichtungen auf Basis von Lyapunov's direkter Methode

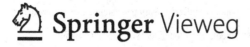 Springer Vieweg

Rick Voßwinkel
Leipzig, Deutschland

Die Promotion wurde durch die Studienstiftung des deutschen Volkes gefördert.

Die vorliegende Arbeit wurde unter dem Titel „Systematische Analyse und Entwurf von Regelungseinrichtungen auf Basis von Lyapunov's direkter Methode" am 12.07.2019 als Dissertation zur Erlangung des akademischen Grades Doktoringenieur (Dr.-Ing.) an der Fakultät Elektrotechnik und Informationstechnik der Technischen Universität Dresden verteidigt.

Vorsitzender: Univ.-Prof. Dr. techn. Klaus Janschek (TU Dresden)
Gutachter: Prof. Dr.-Ing. habil. Dipl.-Math. Klaus Röbenack (TU Dresden)
Gutachter: Prof. Dr.-Ing. Hendrik Richter (HTWK Leipzig)

Tag der Einreichung: 27.02.2019
Tag der Verteidigung: 12.07.2019

ISBN 978-3-658-28060-4   ISBN 978-3-658-28061-1   (eBook)
https://doi.org/10.1007/978-3-658-28061-1

Die Deutsche Nationalbibliothek verzeichnet diese Publikation in der Deutschen Nationalbibliografie; detaillierte bibliografische Daten sind im Internet über http://dnb.d-nb.de abrufbar.

Springer Vieweg
© Springer Fachmedien Wiesbaden GmbH, ein Teil von Springer Nature 2019

Springer Vieweg ist ein Imprint der eingetragenen Gesellschaft Springer Fachmedien Wiesbaden GmbH und ist ein Teil von Springer Nature.
Die Anschrift der Gesellschaft ist: Abraham-Lincoln-Str. 46, 65189 Wiesbaden, Germany

Vorwort

Die vorliegende Dissertationsschrift beschäftigt sich mit der systematischen Analyse dynamischer Systeme und dem konstruktiven Regelungsentwurf auf Basis von Lyapunov-Methoden. Sie entstand im Rahmen eines kooperativen Promotionsverfahrens der Technischen Universität Dresden, sowie der Hochschule für Technik, Wirtschaft und Kultur Leipzig und wurde durch ein Promotionsstipendium der Studienstiftung des deutschen Volkes gefördert.

Mein besonderer Dank gilt meinen beiden Betreuern Herrn Prof. Dr.-Ing. habil. Dipl.-Math. Klaus Röbenack und Prof. Dr.-Ing. Hendrik Richter für die zahlreichen Gespräche, Hinweise und Anregungen während der gesamten Bearbeitungszeit. Ohne ihre vielfältigen Unterstützungen wäre diese Arbeit nicht möglich gewesen. Außerdem möchte ich mich bei Herrn Dr.-Ing. Frank Schrödel, Herrn Dr.-Ing. Lorenz Pyta, Herrn Dr. İlhan Mutlu, Herrn Prof. Dr.-Ing. Naim Bajcinca und Herrn Dipl.-Ing. Dinu Mihailescu-Stoica für die wertvollen Diskussionen im Rahmen gemeinsamer Veröffentlichungen bedanken.

Mein Dank gilt weiterhin meinen Kollegen am Institut für Regelungs- und Steuerungstheorie der Technischen Universität Dresden und der Fakultät Elektrotechnik und Informationstechnik der Hochschule für Technik, Wirtschaft und Kultur Leipzig für eine Vielzahl von inspirierenden Gesprächen.

Nicht zuletzt danke ich meiner Frau Yvonne und meinen Kindern Thor, Ole, Lina und Ida für ihre endlose Unterstützung, Geduld und Verständnis. Sie sind eine ständige Inspiration und ich verdanke ihnen mehr als ich in der Lage bin auszudrücken.

Leipzig, August 2019   Rick Voßwinkel

Inhaltsverzeichnis

Abbildungsverzeichnis

Symbolverzeichnis

$\mathbb{N}_0$, $\mathbb{N}$	Menge der natürlichen Zahlen ab 0 bzw. 1
$\mathbb{Z}$	Menge der ganzen Zahlen
$\mathbb{R}$, $\mathbb{C}$	Körper der reellen bzw. komplexen Zahlen
$\mathbb{R}^+$	Menge der nicht-negativen reellen Zahlen
$\subseteq$, $\subset$	Teilmenge, echte Teilmenge
$\mathbb{K}^n$	n-dimensionaler Vektorraum über den Körper $\mathbb{K}$
$\mathbb{K}^{n \times m}$	Vektorraum der $(n \times m)$- Matrizen über den Körper $\mathbb{K}$
$\oplus$	direkte Summe
M^T, M^*	Transponierte bzw. Adjungierte zur Matrix M
M^{-1}, $M^\dagger$	Inverse bzw. Moore-Penrose-Inverse zur Matrix M
$\det(\cdot)$	Determinante der Matrix
$\text{rang}(\cdot)$	Rang der Matrix
$M \succ 0$, $M \succeq 0$	positiv definite bzw. positiv semidefinite Matrix M
I	Einheitsmatrix
$\otimes$	Kronecker-Produkt
$\exists$, $\forall$	Existenzquantor, Allquantor
$\wedge$, $\vee$, $\neg$	logisches Und, Oder, Nicht
$\implies$, $\iff$	Implikation bzw. Äquivalenz
$f'(x)$, $f''(x)$, $f^{(i)}$	erste, zweite, i-te Ableitung von f bzgl. x
$\dot{x}$, $\ddot{x}$, $x^{(i)}$	erste, zweite, i-te zeitliche Ableitung von x
$|\cdot|$	Betrag des Objektes $\cdot$
C^k	Menge der k-mal stetig differenzierbaren Funktionen
$\deg(\cdot)$	Ordnung des Polynoms
(a, b), $[a, b)$, $[a, b]$	offenes, halboffenes, geschlossenes Intervall
$\emptyset$	leere Menge
$\in$	Element von
$L_f V(x)$	Lie-Ableitung des Skalarfeldes V entlang des Vektorfeldes f.
$\text{span}\{v_1, \ldots, v_r\}$	lineare Hülle der Vektoren $v_1, \ldots, v_r$
$\frac{\partial}{\partial x}$	partielle Ableitung nach x
$\|\cdot\|_P$	P-Norm
$\|\cdot\|_\infty$	Supremumsnorm

Abkürzungsverzeichnis

Abkürzung	Bedeutung
BMI⁻	Bilineare Matrixungleichung (engl.: bilinear matrix inequality)
CAD	zylindrisch algebraische (Zellen-)Zerlegung (engl.: cylindrical algebraic decomposition)
CLF	Regelungs-Lyapunov-Funktion (engl.: control Lyapunov function)
DGL	Differentialgleichung
GS	globale Stabilität (im Sinne von Lyapunov)
GAS	globale asymptotische Stabilität
δGAS	inkrementelle globale asymptotische Stabilität
ISS	Eingangs-Zustands-Stabilität (engl.: input-to-state stability)
δISS	inkrementelle Eingangs-Zustands-Stabilität (engl.: incremental input-to-state stability)
LMI	Lineare Matrixungleichung (engl.: linear matrix inequality)
QE	Quantorenelimination
SOS	Summe von Quadraten (engl.: sum of squares)

Kurzfassung

Die vorliegende Arbeit widmet sich der systematischen Betrachtung der Stabilitätsanalyse sowie dem Regelungsentwurf, einerseits von linearen und andererseits von nichtlinearen Systemen. Dabei werden sowohl numerische als auch algebraische Ansätze untersucht.

Den Ausgangspunkt stellen dabei Lyapunov's direkte Methode und deren Erweiterungen dar. Diese ermöglichen Formulierungen zur Überprüfung von Stabilität, Eingangs-Zustands-Stabilität, sowie inkrementelle Stabilitätseigenschaften. Auf deren Grundlage werden Bedingungen angegeben, die eine systematische Überprüfung zum einen mit Quadratsummenzerlegung und zum anderen mit Methoden der Quantorenelimination ermöglichen. Dazu werden die jeweiligen Begrifflichkeiten und Ansätze eingeführt.

Bei der Quadratsummenzerlegung wird anstatt einer Definitheitsprüfung versucht, den polynomialen Ausdruck in eine Summe von Quadraten zu zerlegen. Damit geht die positive Semidefinitheit des Ausdruckes einher. Diese Zerlegung lässt sich in ein semidefinites Programm überführen und numerisch lösen.

Grundidee der Quantorenelimination ist es, quantifizierte Ausdrücke in ein quantorenfreies Äquivalent umzuformen. Somit können die Parameterkonstellationen ermittelt werden, welche ein System mit den jeweiligen Eigenschaften ergeben.

Da die beiden Herangehensweisen lediglich die Betrachtung polynomialer Systembeschreibungen erlauben, wird eine Prozedur zur rationalen Umformung vorgestellt. Diese ermöglicht es durch Dimensionserhöhung und zusätzliche Nebenbedingungen, eine Vielzahl von nicht-polynomialen Systemen in adäquate polynomiale Beschreibungen zu überführen. Allerdings müssen dabei die sich aus dem Umformungsprozess ergebenden Nebenbedingungen berücksichtigt werden.

Weiterhin wird ein Parameterraumverfahren zur Stabilitätsüberprüfung linearer Systeme vorgestellt. Dies ermöglicht es, einfache Stabilitätsbedingungen basierend auf der Lyapunov-Gleichung zu formulieren. Mit diesem Ansatz kann die Menge aller stabilisierenden Parameter bestimmt werden. Es wird dargestellt, wie dieser Ansatz auf Basis von Ersatzmatrizen erweitert werden kann, um alle Parameterkonstellationen zu bestimmen, die zusätzliche Güteanforderungen garantieren. Dabei werden sowohl kontinuierliche als auch diskrete Zustandsraummodelle betrachtet und deren Anwendung anhand verschiedener Beispielsysteme umfangreich diskutiert.

Die entwickelten Methoden der Systemanalyse werden mittels Regelungs-Lyapunov-Funktionen für den Regelungsentwurf erweitert. Dabei ergeben sich Bedingungen, die einen systematischen Entwurf von Zustandsrückführungen ermöglichen. Dieser Ansatz wird auf polynomialisierte Systeme adaptiert und entsprechende Bedingungen werden aufgestellt. Zusätzlich wird aufgezeigt, wie auf systematische Weise Zustandsrückführungen mittels Quantorenelimination entworfen werden können, welche die Eingangs-Zustands-Stabilität des geschlossenen Regelkreises erzeugen. Die Anwendung der entwickelten Bedingungen wird jeweils anhand von beispielhaften Systemen diskutiert.

Es zeigt sich, dass der Rechenaufwand mit wachsender Systemdimension zunehmend problematisch wird, so dass die Methoden der Quantorenelimination nur schwerlich auf Systeme mit einer Dimension größer 3 oder 4 angewendet werden können. Dies resultiert aus dem mit den Algorithmen einhergehenden, mitunter doppelt exponentiell wachsenden, Rechenaufwand. Ähnliches gilt für Ansätze, die auf Quadratsummenzerlegung basieren. Obwohl der Rechenaufwand bei diesen Methoden nur polynomiell wächst, ist die Anwendung bei diesen Bedingungen auch bei Systemdimensionen größer 5 oder 6 nur in Ausnahmefällen möglich. Ein wesentlicher Vorteil der Quantorenelimination gegenüber der Quadratsummenzerlegung ist, dass anstatt einer numerischen Näherungslösung die tatsächliche Lösungsmenge bestimmt wird. Außerdem können somit zusätzliche Entwurfsparameter berücksichtigt werden.

Das vorgestellte Parameterraumverfahren ist zwar nur auf lineare Systeme anwendbar, erzeugt allerdings vollständige Lösungsmengen und besitzt dabei einen wesentlich geringeren Rechenaufwand als bekannte Verfahren.

Abstract

This thesis deals with the systematic approach of stability analysis and control design of linear as well as nonlinear systems. Both numerical and algebraic approaches are investigated.

The initial point is Lyapunov's direct method and its extensions. These allow specific formulations for stability, input-to-state stability, and incremental stability properties. On the basis of these, conditions are given which permit a systematic procedure based on sum of squares decomposition on the one hand and quantifier elimination methods on the other hand. For this purpose, the respective terms and algorithms are introduced.

The sum of squares decomposition approach decomposes a polynomial expression in a sum of squares instead of checking the definitness. Such a sum of squares is accompanied by the positive semidefiniteness of the expression. This decomposition can be converted into a semidefinite program and solved numerically.

The basic idea of quantifier elimination is to transform quantified expressions into a quantifier-free equivalent. Thus the parameter constellations can be determined, which result in a system with the respective properties.

Since both approaches only allow the consideration of polynomial systems, a procedure for a rational recast is presented. By increasing the system dimension and additional constraints it is possible to transform a numerous number of non-polynomial systems into equivalent polynomial descriptions. However, the resulting constraints must now be taken into account.

Furthermore, a parameter space method for stability testing of linear systems is presented. This allows the formulation of simple stability conditions based on the Lyapunov equation. With this approach, the set of all stabilizing parameters can be determined. It is shown how this approach can be extended on the basis of surrogate matrices to determine all parameter constellations that guarantee additional performance requirements. Thereby both continuous and discrete state space models are considered and their application is discussed on example systems, respectively.

The developed methods for system analysis are extended by control Lyapunov functions for the control design. This results in conditions that allow a systematic design of state feedback controller. This approach is adapted to polynomialized systems and corresponding conditions are introduced. In addition, it is shown how to systematically design state feedback systems using quantifier elimination, which generates input-to-state stability of the closed-loop system. The application of the developed conditions is discussed by serval examples.

It turns out that the computational effort increases problematic with growing system dimensions so that the methods of quantifier elimination can hardly be applied to systems with a dimension greater than 3 or 4. This is a result of the in the worst case doubly exponential increase in computational effort associated with these algorithms. The same applies to approaches based on sum of squares decomposition. Although the computational load with these methods grows only polynomially, the application with these conditions also with system dimensions larger than 5 or 6 is possible only in exceptional cases. A major advantage of quantifier elimination over sum of squares decomposition is that the complete and exact solution set is determined instead of a numerical approximation solution. Moreover, additional design parameters can be considered.

The parameter space method presented in this work can only be applied to linear systems, but it generates complete solution sets and requires much less computational effort than other known methods.

1 Einleitung

1.1 Problemstellung

Die wichtigste Frage für ein regelungstechnisches System ist, ob es stabil ist oder nicht. Denn instabile Systeme sind im Allgemeinen nicht verwendbar oder sogar gefährlich. Aufgrund dieses Stellenwertes von Stabilität verwundert es nicht, dass die ersten Stabilitätsbetrachtungen bis zu Aristoteles und Archimedes zurück verfolgt werden können [Mag59]. Heutzutage ist Stabilität eine zentrale Eigenschaft für jeden, der mit mathematischen Modellen arbeitet, so dass Stabilitätsbetrachtungen in nahezu alle Bereiche der Wissenschaft Einzug gehalten haben, von Astronomie (z. B. [Poi93]) bis Zoologie (z. B. [Lin00]). Allerdings hat der Begriff Stabilität unterschiedliche Bedeutungen und Verwendungen bei der Charakterisierung von Systemverhalten. Die explizite Begriffsbestimmung variiert dabei zwischen den unterschiedlichen Disziplinen, aber auch innerhalb der einzelnen Fachrichtungen. Stabilität deutet jedoch stets auf eine Art Standhaftigkeit gegenüber Störungen oder Abweichungen vom Arbeitspunkt hin. Somit ändert eine quantitativ kleine Störung das Systemverhalten nicht maßgeblich, ruft also keine qualitativen Änderungen hervor. Insbesondere im Bereich der Astronomie entwickelten sich zahlreiche Begriffsdefinitionen. So finden sich beispielsweise unterschiedliche Definitionen von Lagrange, Poisson und Laplace für die Stabilität der Bahn eines Planeten [Mag59]. Die unterschiedlichen Definitionen führen gelegentlich zu Verwirrungen. So führt Poincaré in [Poi93] explizit die „stabilité à la Poisson" ein, er schlägt aber implizit den Begriff „stabilité à la Lagrange" vor, indem er erwähnt, dass die Beschränktheit der Planetenbahnen von Lagrange bewiesen wurde.

Am engsten fasst den Stabilitätsbegriff Lyapunov [Lya92, Hah63, Hah67]. Dessen Definition etablierte sich als Standard in der Regelungstechnik und stellt auch den Kern dieser Arbeit dar. Ein wesentlicher Vorteil ergibt sich aus der sogenannten direkten Methode von Lyapunov. Diese erlaubt es, Rückschlüsse auf die Stabilität im Sinne von Lyapunov zu ziehen, ohne die Lösung des betrachteten Systems explizit zu kennen. Diese Methode und deren Weiterentwicklungen haben sich als das Standardverfahren zur Stabilitätsanalyse, insbesondere bei nichtlinearen Systemen, entwickelt [Kha02, Ada14, SL91, SJK97]. Darüber hinaus entstanden in den vergangenen Jahrzehnten erweiterte Analysemethoden und Lyapunov-basierte Regelungsentwurfsverfahren.

Alle Ansätze, denen Lyapunov's direkte Methode zugrunde liegt, verbindet zwei Problemstellungen: Zum einen sind ihre Aussagen zwar hinreichend, aber nicht notwendig. Zum anderen basieren die Methoden auf einer Definitheitsprüfung. Bei dieser

© Springer Fachmedien Wiesbaden GmbH, ein Teil von Springer Nature 2019
R. Voßwinkel, *Systematische Analyse und Entwurf von Regelungseinrichtungen auf Basis von Lyapunov's direkter Methode*, https://doi.org/10.1007/978-3-658-28061-1_1

handelt es sich aus rechentechnischer Sicht um eine sehr komplizierte Fragestellung.

In dieser Arbeit werden Quadratsummenzerlegung und Quantorenelimination verwendet um diese Fragestellungen zu behandeln. Die Klasse der linearen zeitinvarianten Systeme stellt einen Spezialfall dar. Die Linearität ermöglicht es, einen Parameterraum-Ansatz einzuführen, welcher sich sowohl zur Stabilitätsanalyse als auch zum Regelungsentwurf eignet.

Seit annähernd zwei Jahrzehnten existiert mit der Quadratsummenzerlegung ein Werkzeug zur automatisierten Analyse von nichtlinearen Systemen. Sie beruht darauf, dass ein Polynom, welches in eine Summe von Quadraten zerlegbar ist, auch positiv semidefinit ist. Die Überprüfung, ob für ein Polynom ein Quadratsummenäquivalent existiert, kann in ein semidefinites Programm überführt und numerisch gelöst werden. Diese Methodik wurde von Parrilo [Par00] vorgestellt und seither auf eine Vielzahl von regelungstechnischen Problemen angewendet. So wird beispielsweise in [AG07, Che04, TP08, TYOW07, Bäu11] das Stabilitätsgebiet einer Ruhelage bestimmt. In [APS08] und [AP13] werden Robustheitsaspekte nichtlinearer Systeme mit Quadratsummenzerlegung analysiert. Die Bildung von kinetischen Modellen wird in [NWBJ07] adressiert. Stabilitätsuntersuchungen von Systemen mit Eingang finden sich in [Ich12]. Da diese Methode darauf beruht, Polynome als Summe von Quadraten darzustellen, ist sie auf polynomiale Systeme beschränkt. In [PP05] wird diese Einschränkung durch eine rationale Umformung überwunden. Neben der Systemanalyse wurde die Quadratsummenzerlegung auch in zahlreichen Publikationen zum Reglerentwurf verwendet [ERA05, Bäu11, JW03, Tan06, TP04, XXW07].

Anders als die numerische Lösung durch Quadratsummenzerlegung können Methoden der Quantorenelimination verwendet werden, um Lyapunov-Ansätze algebraisch zu lösen. Dabei werden die Stabilitätsaussagen über quantifizierte Ausdrücke dargestellt. Als Resultat entstehen dabei äquivalente Ausdrücke in den Variablen, an die kein Quantor gekoppelt ist. Diffizil bei dieser Herangehensweise ist der äußerst aufwendige Berechnungsprozess. Gleichwohl konnten Methoden der Quantorenelimination bereits auf zahlreiche regelungstechnische Aufgaben angewandt werden. Für lineare zeitinvariante Systeme im Zustandsraum wurden in [ABJ75, ADL+95, SADG97] die Probleme der Stabilisierbarkeit und der Polplatzierbarkeit bei statischen Ausgangsrückführungen mittels Quantorenelimination behandelt. In [AH00, AH06, HHY+07, YA07, YIU+08] erfolgt die Analyse und der Entwurf robuster Regler für lineare Systeme. Diverse regelungstechnische Fragestellungen, die sich beispielsweise aus der Berücksichtigung von Eingangsbeschränkungen ergeben, wurden in [Jir97] betrachtet. In [DFAY99] wird die Stabilisierung für nichtlineare Systeme mit Parameterunsicherheiten auf Basis der Hamilton-Jacobi-Bellman-Ungleichung vorgenommen. Lyapunov-Funktionen auf

Basis der Hesse-Matrix werden in [SXXZ09] erzeugt. Ansätze für nichtlineare modell-prädiktive Regelungsstrategien sind in [FPM05, FPM06] dargestellt. Auch diskrete Systeme wurden bereits mittels Quantorenelimination untersucht, so ist in [NM98] der Reglerentwurf mit endlicher Einstellzeit zu finden.

Ziel dieser Arbeit ist es, auf systematische Art und Weise, erweiterte Stabilitäts-konzepte wie Eingangs-Zustands-Stabilität und inkrementelle Eingangs-Zustands-Stabilität nachzuweisen. Dazu werden sowohl Techniken der Quadratsummenzer-legung, als auch der Quantorenelimination verwendet. Darauf aufbauend werden, ebenfalls systematisch, Regler entworfen. Die Qualität der Ergebnisse wird anhand von Beispielen illustriert. Da die angewandten Methoden mit der Beschränkung auf polynomiale Systeme einhergeht, wird eine rationale Umformung verwendet, um die Anwendbarkeit auf eine Vielzahl nicht-polynomialer Systeme zu erweitern.

1.2 Beiträge und Aufbau der Arbeit

Um die dargestellten Ziele zu erreichen, besitzt die Arbeit den nachfolgenden Aufbau. Nach dieser Einleitung werden in Kapitel 2 die stabilitätstheoretischen Grundlagen ein-geführt. Ausgehend von den Stabilitätsdefinitionen autonomer Systeme erfolgt in Ab-schnitt 2.2 die Vorstellung der direkten Methode von Lyapunov. In den darauffolgenden zwei Abschnitten 2.3 und 2.4 werden die Besonderheiten von linearen zeitinvarianten Systemen im Zustandsraum und in Deskriptorform diskutiert. Die abschließenden zwei Abschnitte dieses Kapitels dienen der Einführung der Eingangs-Zustands-Stabilität und der inkrementellen Eingangs-Zustands-Stabilität. Dabei werden entsprechende Lyapunov-Charakterisierungen angegeben. Die hier eingeführten Definitionen und Bedingungen werden in den weiteren Kapiteln zur Analyse verwendet.

Kapitel 3 befasst sich mit der numerischen Stabilitätsuntersuchung auf Basis der Quadratsummenzerlegung. Beginnend mit den algebraischen Grundlagen in Ab-schnitt 3.1, wird in Abschnitt 3.2 ein rationaler Umformungsprozess dargestellt. Aufbauend auf diesem zeigt Abschnitt 3.3 die Stabilitätsanalyse nichtlinearer Systeme. Dieser Abschnitt basiert im Wesentlichen auf den Ergebnissen von [PP05]. Anschlie-ßend wird dargestellt, wie Methoden der Quadratsummenzerlegung zur Analyse der Eingangs-Zustands-Stabilität verwendet werden [Ich12]. Darauf aufbauend wird in Abschnitt 3.4 dieser Ansatz, mittels der eingeführten rationalen Umformung, auf nicht-polynomiale Systeme ausgeweitet. In Abschnitt 3.5 werden die Ansätze der Eingangs-Zustands-Stabilität auf inkrementelle Eingangs-Zustands-Stabilität erweitert. Die hier dargestellten Ergebnisse wurden in [VR19b] zusammengefasst.

Wie bereits erwähnt, ist Quantorenelimination die zweite zentrale Methode, die in dieser Arbeit Verwendung findet. Kapitel 4 zeigt die Anwendung von Techniken der Quantorenelimination zur Stabilitätsanalyse. Zuvor werden in Abschnitt 4.1 die notwendigen Grundlagen aufgearbeitet. Der Abschnitt 4.2 beschreibt die Stabilitätsuntersuchung verschiedener Systemklassen. Während die Analyse linearer Zustandsraummodelle mit Quantorenelimination schon häufig thematisiert wurde, konnten Deskriptorsysteme erstmals in [VTRB17] untersucht werden. Aufbauend auf der Analyse nichtlinearer polynomialer Systeme wird der Umformungsprozess aus Abschnitt 3.2 angepasst und zur Analyse nicht-polynomialer Systeme verwendet. Das Kapitel endet mit der Bestimmung der Eingangs-Zustands-Stabilität. Diese Herangehensweise wurde in [VRB18] vorgestellt.

Aufgrund der sich ergebenden Eigenschaften bieten lineare zeitinvariante Systeme andere Möglichkeiten der Analyse. Ein eleganter Ansatz ist in [SAS⁺15] dargestellt. Dabei werden lineare Systeme mit Unbekannten bzw. Entwurfsparametern betrachtet und die Menge aller stabilisierenden Parameter gesucht. Mit diesem Ansatz der Stabilitätsbestimmung befasst sich Kapitel 5. In Abschnitt 5.1 werden die Ergebnisse für lineare Zustandsraummodelle zusammengefasst. Die in [VTRB17] vorstellte Erweiterung auf Deskriptorsysteme zeigt Abschnitt 5.2.

Das letzte inhaltliche Kapitel beschäftigt sich mit dem Regelungsentwurf. Dazu werden, nach der Darstellung der theoretischen Grundlagen, in Abschnitt 6.1 die Techniken aus Kapitel 4 und der Umformungsprozess aus Abschnitt 3.2 verwendet, um sowohl polynomiale, als auch nicht-polynomiale Systeme mittels Regelungs-Lyapunov-Funktionen zu stabilisieren. Diese Herangehensweise wird auf Rückführungen erweitert, welche die Eingangs-Zustands-Stabilität des geschlossenen Regelkreises garantieren. Die in diesem Abschnitt vorgestellten Ergebnisse werden in [VR19a] zusammengefasst. In Abschnitt 6.2 werden die Parameterraum-Methoden aus Kapitel 5 weiterentwickelt. Es wird dargestellt, wie die eingeführten Ansätze verwendet werden können, um alle Parameter (bspw. Reglerparameter) bestimmen zu können, die gewisse Gütekriterien erfüllen. Es werden Einstellzeit, Dämpfung sowie frequenzbasierte Kriterien diskutiert. Die Anwendung der entwickelten Methoden wird anhand eines Beispieles illustriert. Abschließend wird der Ansatz auf diskrete Systeme erweitert. Die hier dargestellten Resultate wurden bereits in [PVS⁺18, VPS⁺19] veröffentlicht.

Die Arbeit endet mit einem zusammenfassenden Fazit der gewonnenen Ergebnisse. Dabei werden die vorgestellten Ansätze einzeln bewertet, die jeweiligen Grenzen dargestellt und abschließend untereinander verglichen. Am Ende des Kapitels wird angegeben, welche Möglichkeiten für weitere Forschungsarbeiten existieren und wie die Ergebnisse der Arbeit dafür verwendet werden können. Den Aufbau und die Zusammenhänge zwischen den einzelnen Abschnitten verdeutlicht Abbildung 1.

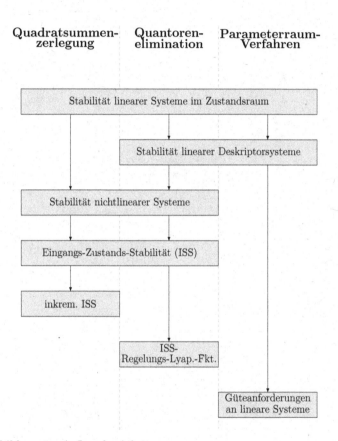

Abbildung 1 – Aufbau der Arbeit

2 Begriffe und Ansätze zur Lyapunov-basierten Stabilitätsanalyse

Dieses Kapitel dient der Einführung und Definition zentraler stabilitätstheoretischer Begriffe und Methoden.

Stabilität ist eine wesentliche Eigenschaft von Systemen bzw. Attraktoren, die nicht nur im regelungstechnischen Kontext von Relevanz ist (z. B. [VL10, SK14, DD15]). Für lineare Systeme ist Stabilität eine Systemeigenschaft, d.h. die sich ergebenden Aussagen sind global. Darüber hinaus existiert eine Vielzahl von Methoden und Ansätzen zur Bestimmung der Stabilität für solche Systeme [Rei06]. Wenn Systeme allerdings durch nichtlineare Vektorfelder beschrieben werden, ist die Stabilitätsanalyse aufwendiger. Dies resultiert zum einen aus dem möglichen Auftreten mehrerer und unterschiedlicher Attraktoren, welches direkt die Frage nach dem Einzugsbereich des jeweiligen Attraktors (engl. region of stability, basin of attraction) aufwirft [VR15, Che11, BCCG10, TP07, TP08, SH95, RT71, Rue89]. Zum anderen sind nichtlineare Differentialgleichungen (kurz: DGL) i. Allg. nicht geschlossen lösbar, so dass alle Analyseansätze, welche auf der Lösung der DGL beruhen, nicht praktikabel sind.

Einen Lösungsansatz bieten die Methoden, die Alexander Michailowitsch Lyapunov 1892 in seiner Dissertation [Lya92] vorstellte und deren Weiterentwicklungen. Insbesondere die sogenannte *direkte Methode von Lyapunov* hat sich als Standard bei der Stabilitätsanalyse nichtlinearer dynamischer Systeme etabliert. Diese Methode und darauf aufbauende Erweiterungen sind der Gegenstand der folgenden Darstellungen. Beginnend mit der Untersuchung von autonomen Systemen werden die zentralen Ergebnisse der klassischen Lyapunov Theorie rekapituliert. Daran anschließend werden Stabilitätskonzepte für Systeme mit Eingang und entsprechende Lyapunov-basierte Ansätze zur Analyse vorgestellt. Diese stellen die Grundlagen für die nachfolgenden Kapitel dar.

2.1 Nichtlineare Systeme und Stabilität

Wie bereits zuvor erwähnt, beschreiben die hier vorgestellten Konzepte der *Lyapunov-Stabilität* und der *asymptotischen Stabilität* keine Eigenschaften der betrachteten

© Springer Fachmedien Wiesbaden GmbH, ein Teil von Springer Nature 2019
R. Voßwinkel, *Systematische Analyse und Entwurf von Regelungseinrichtungen auf Basis von Lyapunov's direkter Methode*, https://doi.org/10.1007/978-3-658-28061-1_2

Systeme als Ganzes, sondern stattdessen resultieren Eigenschaften der jeweilig unter-
suchten Attraktoren bzw. Trajektorien [SJK97].

Für die nachfolgenden Aussagen werden *autonome, zeitinvariante* Systeme der
Form

$$\dot{x} = f(x) \tag{2.1}$$

betrachtet. Dabei ist $x(t) \in \mathbb{R}^n$ der Zustand des Systems (2.1) und $f : \mathbb{R}^n \to \mathbb{R}^n$ ein
Lipschitz-stetiges Vektorfeld. Die Lipschitz-Bedingung[1] garantiert nach dem *Satz von
Picard-Lindelöf* die Existenz und Eindeutigkeit der Lösung des Differentialgleichungssystems (2.1) [Arn01, Rö17, Kha02]. Die Lösung des Differentialgleichungssystems (2.1)
wird von dem Vektorfeld f und den Anfangsbedingungen bestimmt. Im allgemeinen
Fall hängt somit die Lösung $x(t, x_0, t_0)$ von dem Startwert $x_0 \in \mathbb{R}^n$ und der Startzeit
$t_0 \in \mathbb{R}$ ab. Dadurch ergibt sich die Anfangsbedingung $x_0 := x(t_0, x_0, t_0)$. Aufgrund
der Zeitinvarianz des Systems kann die Abhängigkeit von der Startzeit vernachlässigt
bzw. zu Null gesetzt werden. Damit ergibt sich die Lösung $x(t, x_0)$ und der Startwert
$x(0, x_0)$.

Für die folgenden Stabilitätsaussagen werden nun einige Begriffe definiert.

Definition 2.1 (Invariante Mengen; [Kha02]). *Eine Menge* $\mathbb{M}$ *heißt invariant bezüglich eines dynamischen Systems, wenn*

$$x_0 \in \mathbb{M} \Rightarrow x(t, x_0) \in \mathbb{M}, \quad \forall t \in \mathbb{R}$$

gilt. Darüber hinaus wird eine Menge positiv invariant *genannt, wenn sie invariant
für alle nicht-negativen Werte von t ist.*

Nach Definition 2.1 verbleibt eine Trajektorie, die einmal zu einer invarianten Menge
gehört, in dieser Menge. Besondere invariante Mengen sind sogenannte Attraktoren.

Definition 2.2 (Attraktor; [AFH94], [GH86]). *Eine Menge* $\mathbb{A} \subset \mathbb{R}^n$ *heißt Attraktor
eines dynamischen Systems, wenn folgende Voraussetzungen erfüllt sind:*

a) *Die Menge* $\mathbb{A}$ *ist kompakt.*

b) $\mathbb{A}$ *ist für alle t invariant.*

---

[1]Eine Funktion f heißt Lipschitz-stetig auf einer Menge $\mathbb{D}$, wenn eine Lipschitz-Konstante $L \geq 0$
existiert, so dass $||f(x_1) - f(x_2)|| \leq L||x_1 - x_2||$ für alle $x_1, x_2 \in \mathbb{D}$.
Eine Funktion f heißt lokal Lipschitz-stetig in einem offenen Gebiet $\mathbb{D} \subset \mathbb{R}$, wenn zu jedem
Punkt in $\mathbb{D}$ eine Umgebung $\mathbb{D}_0$ existiert, so dass f die Lipschitz-Bedingung für alle Punkte in
$\mathbb{D}_0$ mit einer Lipschitz-Konstante L_0 erfüllt [Dei14].

c) *Die Menge* $\mathbb{A}$ *kann nicht in zwei disjunkte Teilmengen zerlegt werden, die wiederum invariant sind.*

d) *Es existiert eine Umgebung* $\mathbb{K}$ *von* $\mathbb{A}$, *deren Punkte Startwerte für Trajektorien sind, die für* $t \to \infty$ *gegen* $\mathbb{A}$ *streben.*

Sollte die Bedingung *d)* nicht erfüllt sein, wird von einem *Repellor* gesprochen [Pil12]. Die für die weiteren Aussagen relevante *Ruhelage* kann ein Attraktor, muss dies aber, wie im Folgenden dargestellt, nicht sein.

Definition 2.3 (Ruhelage). *Eine Ruhelage* x_R *ist ein Punkt im Zustandsraum für den*

$$f(x_R) = 0$$

gilt.

In Abhängigkeit vom Vektorfeld f kann das zu analysierende System eine Vielzahl von Ruhelagen oder gar ein Ruhelagenkontinuum aufweisen. In den nachfolgenden Ausführungen wird sich auf eine isolierte Ruhelage im Koordinatenursprung $f(0) = 0$ bezogen. Letzteres stellt keine Einschränkung für die Allgemeingültigkeit der Aussagen dar, da jede Ruhelage mit der Transformation $x^* = x - x_R$ in den Ursprung überführt werden kann.

Aus Definition 2.3 ist ersichtlich, dass Trajektorien nicht aus ihrer Eigenbewegung heraus die Ruhelagen verlassen. Die Frage der Stabilität von Ruhelagen wird über das Verhalten der Trajektorien bei einer Auslenkung von diesen Ruhelagen definiert [Kha02, SL91, SJK97].

Definition 2.4 (Stabilität). *Eine Ruhelage im Koordinatenursprung heißt*

– Lyapunov-stabil *oder* stabil im Sinne von Lyapunov, *wenn für jedes* $\epsilon > 0$, *ein* $\delta(\epsilon) > 0$ *existiert, so dass für* $|x(0)| < \delta$, $|x(t)| < \epsilon$ *für jedes* $t \geq 0$ *gilt.*

– attraktiv, *wenn ein* $r(x_0) > 0$ *existiert, so dass* $|x(0)| < r(x_0) \Rightarrow \lim_{t \to \infty} |x(t)| = 0$ *gilt.*

– asymptotisch stabil, *wenn sie Lyapunov-stabil und attraktiv ist.*

– instabil, *wenn sie nicht Lyapunov-stabil ist.*

Dabei beschreibt $|\cdot|$ die 2-Norm der jeweiligen Elemente. Stabilität im Sinne von Lyapunov bedeutet somit, dass Trajektorien, die hinreichend nah am Koordinatenursprung starten, auch beliebig nah an diesem verbleiben. Sollte die Ruhelage

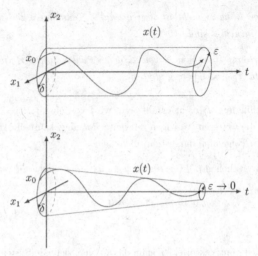

Abbildung 2 – Grafische Interpretation der Stabilität im Sinne von Lyapunov
(oben) und asymptotischer Stabilität (unten); vgl. [Arn01]

zusätzlich lokal attraktiv sein, d.h. umliegende Trajektorien für $t \to \infty$ zur Ruhelage streben, dann ist diese lokal asymptotisch stabil. Dieses Verhalten wird in Abbildung 2 illustriert. Alternativ zu dieser Darstellung im erweiterten Zustandsraum, sind auch Abbildungen im Zustandsraum üblich [SL91, Ada14].

Zu beachten ist, dass aus Attraktivität nicht Stabilität folgt. Dies kann an dem System

$$\dot{x}_1 = \frac{x_1^2(x_2 - x_1) + x_2^5}{(x_1^2 + x_2^2)(1 + (x_1^2 + x_2^2)^2)} \qquad \dot{x}_2 = \frac{x_2^2(x_2 - 2x_1)}{(x_1^2 + x_2^2)(1 + (x_1^2 + x_2^2)^2)}, \qquad (2.2)$$

welches 1957 von R. E. Vinograd konstruiert wurde, gezeigt werden [Vin57, Hah67, SL91]. Dieses System ist trotz einer global attraktiven Ruhelage im Koordinatenursprung nicht stabil im Sinne von Lyapunov und damit nach Definition 2.4 auch nicht asymptotisch stabil. Da egal wie nah eine Trajektorie am Koordinatenursprung startet, entfernt sich diese bis zu einem gewissen Wert von dem Ursprung. Daher kann kein Wert δ für beliebig kleine ϵ gefunden werden. Dies illustriert das Zustandsdiagramm in Abbildung 3.

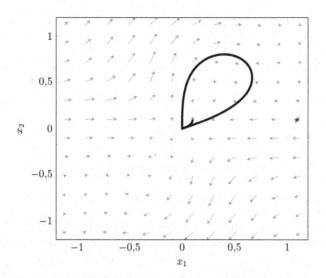

Abbildung 3 – Zustandsdiagramm des Systems (2.2)

2.2 Direkte Methode von Lyapunov

Die direkte oder auch zweite Methode von Lyapunov ist das wichtigste Hilfsmittel bei der Stabilitätsanalyse vieler Systemklassen, insbesondere bei nichtlinearen Systemen [SL91, Kha02, SJK97]. Der wesentliche Vorteil dieser Methodik ist, dass die Stabilität eines Systems, ohne explizite Kenntnis der Lösung der zugehörigen DGL, bestimmt werden kann. Die Grundlage dafür bildet die Energiebetrachtung des Systems. Wenn ein System kontinuierlich Energie abgibt, wird es zu seinem Energieminimum konvergieren. Lyapunov zeigte, dass es ausreichend ist, *verallgemeinerte Energiefunktionen* (engl. *energy-like functions*) entlang der Systemdynamik zu betrachten, um Stabilitätsaussagen über eine Ruhelage eines Systems treffen zu können. Dies wird nun im nachfolgenden Theorem formuliert.

Theorem 2.1 (Direkte Methode von Lyapunov). *Es sei* $x_R = 0$ *eine Ruhelage von* (2.1) *mit einem lokal Lipschitz-stetigen Vektorfeld* f *und* $0 \in U \subseteq \mathbb{R}^n$. *Existiert eine positiv definite Funktion* $V : U \to \mathbb{R}^+ \in C^1$, *welche die Ungleichung*

$$\dot{V}(x) = L_f V(x) = \frac{\partial V}{\partial x}(x)f(x) \leq 0, \quad \forall x \in U \tag{2.3}$$

erfüllt, dann ist $x_R = 0$ *eine lokal Lyapunov-stabile Ruhelage. Ist* $\dot{V}$ *weiterhin negativ*

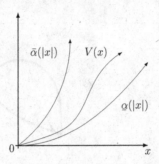

Abbildung 4 – Veranschaulichung von Gleichung (2.4)

definit, so ist die Ruhelage lokal asymptotisch stabil.

Ein Beweis zu diesem Theorem wird beispielsweise in [Kha02] geführt.

Gelten die Bedingungen aus Theorem 2.1 im gesamten Zustandsraum und ist zusätzlich $|x| \to \infty \implies V(x) \to \infty$ erfüllt, so ist die Ruhelage $x = 0$ global Lyapunov-stabil (kurz: GS) bzw. global asymptotisch stabil (kurz: GAS). Alternativ zu der in Theorem 2.1 gewählten Formulierung, können die Stabilitätseigenschaften auch über sogenannte Vergleichsfunktionen überprüft werden. Dieses Konzept geht auf Wolfgang Hahn zurück [Hah63].

Definition 2.5 (Klasse K Funktionen). *Eine stetige Funktion $\alpha : [0, a) \to [0, \infty)$ gehört zur Klasse K, wenn sie streng monoton steigend und $\alpha(0) = 0$ ist. Wenn $a = \infty$ und $\alpha(r) \to \infty$ für $r \to \infty$ gilt, gehört α zur Klasse K_∞.*

Definition 2.6 (Klasse KL Funktionen). *Eine stetige Funktion $\beta : [0, a) \times [0, \infty) \to [0, \infty)$ gehört zur Klasse KL, wenn für jedes feste t die Funktion $\beta(\cdot, t)$ zur Klasse K gehört und für jedes feste r die Abbildung $\beta(r, \cdot)$ monoton fällt, sowie $\beta(r, t) \to 0$ für $t \to 0$ gilt.*

Theorem 2.2 (Direkte Methode mit Vergleichsfunktionen). *Es sei $x_R = 0$ eine Ruhelage von (2.1) mit einem lokal Lipschitz-stetigen Vektorfeld f und $\mathbb{U} = \{x \in \mathbb{R}^n, |x| < a\}$. Existiert eine Funktion $V : \mathbb{U} \to \mathbb{R} \in C^1$ und die Klasse K Funktionen $\bar{\alpha}(\cdot), \underline{\alpha}(\cdot)$ definiert auf $[0, a)$, so dass*

$$\underline{\alpha}(|x|) \leq V(x) \leq \bar{\alpha}(|x|), \quad \forall x \in \mathbb{U} \tag{2.4}$$

$$\frac{\partial V}{\partial x}(x)f(x) \leq 0, \quad \forall x \in \mathbb{U} \tag{2.5}$$

gilt, dann ist die Ruhelage lokal stabil im Sinne von Lyapunov.

Existiert zusätzlich eine Klasse K Funktion $\alpha(\cdot)$ definiert auf $[0, a)$, die

$$\frac{\partial V}{\partial x}(x)f(x) \leq -\alpha(|x|), \quad \forall x \in \mathbb{U} \tag{2.6}$$

erfüllt, dann ist $x_R = 0$ eine lokal asymptotisch stabile Ruhelage. Wenn $a = \infty$ und $\bar{a}(\cdot), \underline{\alpha}(\cdot), \alpha(\cdot) \in K_\infty$, dann ist die Ruhelage global stabil bzw. global asymptotisch stabil.

Ein Beweis für dieses Theorem findet sich in [Isi99, Beweis zu Theorem 10.1.3]. Abbildung 4 verdeutlicht die positive Definitheit der Lyapunov-Funktion anhand der Bedingung (2.4) grafisch.

Häufig ist die negative Definitheit der zeitlichen Ableitung der Lyapunov-Funktion nicht gegeben, obwohl das System asymptotisch stabil ist. Abhilfe leistet der nachfolgende Satz [Kha02, Las60].

Satz 2.1 (Invarianzprinzip von LaSalle). *Sei $\Omega \in \mathbb{U}$ kompakt und positiv invariant bezüglich (2.1). Für die Funktion $V : \mathbb{U} \to \mathbb{R}, V \in C^1$ gelte $\forall x \in \Omega, V(x) \leq 0$. Sei $\mathbb{E}$ die Menge aller Punkte mit $L_f V(x) = 0$ und $\mathbb{M}$ die größte invariante Teilmenge in $\mathbb{E}$, dann streben alle Lösungen mit $x_0 \in \Omega$ für $t \to \infty$ gegen $\mathbb{M}$.*

Zusätzlich erlaubt Satz 2.1 neben der Analyse von Ruhelagen auch die Untersuchung anderer Attraktoren, beispielsweise Grenzzyklen.

2.3 Lyapunov-Methoden für lineare Systeme in Zustandsraumdarstellung

Ein wichtiger Spezialfall von (2.1) ist das autonome, lineare, zeitinvariante System (engl. linear time-invariant system, kurz: LTI-System) in Zustandsraumdarstellung

$$\dot{x} = Ax, \tag{2.7}$$

mit einer quadratischen (System-) Matrix $A \in \mathbb{R}^{n \times n}$. Da $x_R = 0$ stets Definition 2.3 erfüllt, haben LTI-Systeme immer eine Ruhelage im Koordinatenursprung. Diese ist isoliert, wenn die Matrix A vollen Rang aufweist. Sollte die Systemmatrix keinen vollen Rang besitzen, so hat der Nullraum der Matrix eine Dimension größer als Null. Jeder Punkt dieses Nullraumes ist eine Ruhelage. Somit existiert in diesem Fall ein Ruhelagenkontinuum [HS74].

Die Lösung des Differentialgleichungssystems (2.7) mit dem Anfangswert x_0 kann direkt mit der Matrixexponentialfunktion angegeben werden

$$x(t, x_0) = e^{tA} x_0, \tag{2.8}$$

wobei e^{tA} über die konvergierende Reihe

$$e^{tA} = \left(I + tA + \frac{t^2}{2!} A^2 + \ldots + \frac{t^k}{k!} A^k + \ldots \right) \tag{2.9}$$

definiert wird [GH86]. Eine alternative Definition der Matrixexponentialfunktion erfolgt über die Fundamentalmatrix [Mül77, ML03]. Die Matrixexponentialfunktion enthält globale Informationen über das Verhalten der zu den jeweiligen Anfangszuständen gehörenden Trajektorien.

Der Zustandsraum kann in lineare Untervektorräume zerlegt werden, die jeweils durch die lineare Hülle der Eigenvektoren von A aufgespannt und unter e^{tA} invariant sind [GH86].[2] Diese Untervektorräume können in Klassen zerlegt werden [HSD04, GH86]:

- den stabilen Untervektorraum, $\mathbb{X}_s = \mathrm{span}\{v_1, \ldots, v_{ns}\}$,

- den instabilen Untervektorraum, $\mathbb{X}_u = \mathrm{span}\{u_1, \ldots, u_{nu}\}$,

- den zentralen Untervektorraum, $\mathbb{X}_c = \mathrm{span}\{w_1, \ldots, w_{nc}\}$,

wobei:

- $v_1, \ldots, v_{ns}$ die Eigenvektoren sind, deren zugehörige Eigenwerte einen negativen Realteil besitzen.

- $u_1, \ldots, u_{nu}$ die Eigenvektoren sind, deren zugehörige Eigenwerte einen positiven Realteil besitzen

- $w_1, \ldots, w_{nc}$ die Eigenvektoren sind, bei denen die zugehörigen Eigenwerte einen Realteil von Null besitzen.

Diese drei Untervektorräume ergänzen sich zum gesamten Zustandsraum, d.h. $ns + nu + nc = n$ bzw. $\mathbb{R}^n = \mathbb{X}_s \oplus \mathbb{X}_u \oplus \mathbb{X}_c$. Die Namen dieser Untervektorräume beziehen sich auf ihre Bedeutung bezüglich des Verhaltens der Trajektorien. Trajektorien, die in $\mathbb{X}_s$ beginnen, verbleiben in $\mathbb{X}_s$ und konvergieren für $t \to \infty$ gegen $x = 0$. Entsprechend

---

[2]Treten Eigenwerte als konjugiert komplexes Paar auf, dann sind die Eigenvektoren ebenfalls komplex und können daher nicht direkt zum Aufspannen der entsprechenden reellen Unterräume genutzt werden. In diesem Fall werden Real-und Imaginärteil eines solchen Eigenvektors verwendet (z. B. [KR13]).

verbleiben Trajektorien in $\mathbf{X}_u$, wenn sie ihren Ursprung in $\mathbf{X}_u$ haben. Allerdings streben diese Trajektorien für $t \to \infty$ gegen unendlich. In $\mathbf{X}_c$ startende Trajektorien schwingen für konjugiert komplexe Eigenwertpaare mit konstanter Amplitude oder bleiben konstant bei einem Eigenwert von 0, zumindest solange die Eigenwerte nur einfach auftreten. Sollten mehrfache Eigenwerte mit unterschiedlicher algebraischer und geometrischer Vielfachheit existieren, dann können auch wachsende Lösungen in $\mathbf{X}_c$ existieren [GH86].

Das System (2.7) wird als asymptotisch stabil bezeichnet, wenn $ns = n$ bzw. $\mathbf{X}_s = \mathbb{R}^n$ gilt, d.h. alle Eigenwerte von A müssen in der komplexen linken Halbebene liegen [Rei06]. Die Matrix A wird dann auch *Hurwitz-Matrix* genannt.

Alternativ zu der Bestimmung der Stabilität über die Eigenwerte der Systemmatrix A kann diese auch über Theorem 2.1 erfolgen. Im Gegensatz zum nichtlinearen Fall ist Lyapunov's direkte Methode im linearen Fall wesentlich konstruktiver. Ausgehend von einem quadratischen Ansatz für die Lyapunov-Funktion

$$V(x) = x^T P x, \tag{2.10}$$

wobei P eine reelle, symmetrische, positive definite Matrix ist, ergibt sich für die Lie-Ableitung von V entlang (2.7)

$$\dot{V}(x) = L_f V(x) = x^T P \dot{x} + \dot{x}^T P x = x^T \left(PA + A^T P \right) x. \tag{2.11}$$

Da die asymptotische Stabilität nach Theorem 2.1 eine negativ definite zeitliche Ableitung von V voraussetzt, muss $PA + A^T P$ entsprechend negativ definit sein. Diese Überlegung führt auf die sogenannte *Lyapunov-Gleichung*

$$PA + A^T P = -Q \tag{2.12}$$

mit einer symmetrischen, positiv definiten Matrix Q. Dieses Ergebnis wird im folgenden Theorem zusammengefasst [Kha02, Theorem 4.6], [Hah67, Theorem 27.1].

Theorem 2.3 (Lyapunov-Bedingung für lineare Zustandsraumsysteme). *Eine Matrix A ist genau dann eine Hurwitz-Matrix, wenn für jede positiv definite, symmetrische Matrix Q, eine positiv definite, symmetrische Matrix P existiert, welche die Gleichung (2.12) erfüllt. Weiterhin ist für Hurwitz-Matrizen A die Lösung der Gleichung (2.12) eindeutig.*

Der Beweis zu diesem Theorem ist in den angegebenen Quellen zu finden. Da bei stabilen Systemen die Lyapunov-Gleichung (2.12) für jede positiv definite Matrix Q

erfüllt ist, kann stets $Q = I$ gewählt werden (siehe [Kha02, Abschnitt 4.3], [SL91, Abschnitt 3.5.1]).

2.4 Lyapunov-Methoden für lineare Deskriptorsysteme

Eine weitere Möglichkeit, lineare zeitinvariante Systeme darzustellen, ist die sogenannte Deskriptorform

$$E\dot{x} = Ax \tag{2.13}$$

mit dem verallgemeinerten Zustand $x \in \mathbb{R}^n$ und den quadratischen Matrizen $E, A \in \mathbb{R}^{n \times n}$. Diese Darstellungsform erlaubt es, zusätzliche algebraische Nebenbedingungen, wie holonome und nicht-holonome Zwangsbedingungen oder die Kirchhoffschen Gesetze zu berücksichtigen. Der Begriff „Deskriptor" geht auf Luenberger [Lue77] zurück. Alternativ werden die Systeme (2.13) auch als differential-algebraische-Systeme (engl. differential-algebraic equations, kurz: DAEs) oder implizite Systeme bezeichnet.

Im Folgenden werden zunächst zwei Eigenschaften und die *Weierstraß-Normalform* eingeführt und darauf aufbauend Lyapunov-Formulierungen angegeben.

Definition 2.7 (Regularität). *Das Deskriptorsystem* (2.13) *heißt regulär, wenn*

$$\exists \gamma \in \mathbb{C} : \det(\gamma E - A) \neq 0,$$

gilt.

Die Regularität von System (2.13) garantiert die Existenz und Eindeutigkeit der Lösung (z.B. [Dua02]). Jedes reguläre Deskriptorsystem (2.13) kann in die Weierstraß-Normalform

$$SER = \begin{pmatrix} I_{n_1} & 0 \\ 0 & N \end{pmatrix} \quad \text{und} \quad SAR = \begin{pmatrix} A_1 & 0 \\ 0 & I_{n_2} \end{pmatrix} \tag{2.14}$$

mit invertierbaren Matrizen S und R, sowie der nilpotenten Matrix N überführt werden [Gan86, Dua02]. Weiterhin gilt $n_1 + n_2 = n$. Die Transformation (2.14) zerlegt das System (2.13) in zwei Teilsysteme:

$$\dot{x}_1 = A_1 x_1, \tag{2.15}$$

$$N\dot{x}_2 = x_2. \tag{2.16}$$

Die Teilsysteme (2.15) und (2.16) werden als langsames bzw. schnelles Teilsystem bezeichnet. Die Lösung des regulären Systems (2.13) kann über die Superposition der Lösungen der beiden Teilsystems (2.15) und (2.16)

$$x(t) = R_1 x_1(t) + R_2 x_2(t) \qquad (2.17)$$

mit $R = [R_1, R_2]$ bestimmt werden [Mül05]. Die Lösung $x_1(t)$ des langsamen Teilsystems wird dabei über Gleichung (2.8) bestimmt. Für die Lösung des schnellen Teilsystems (2.16) ergibt sich [Mül05]

$$x_2(t) = -\sum_{i=0}^{k-1} N^i \sigma(t)^{i-1} x_2(0), \qquad (2.18)$$

wobei k der Nilpotenzgrad und $\sigma(t)$ der Dirac-Impuls ist. Somit resultiert als Gesamtlösung

$$x(t) = R_1 x_1(t) + R_2 x_2(t) = R_1 \left(e^{A_1 t} x_1(0) \right) - R_2 \left(\sum_{i=0}^{k-1} N^i \sigma(t)^{i-1} x_2(0) \right). \qquad (2.19)$$

Wie in (2.19) zu erkennen ist, wird bei Systemen in der Weierstraß-Normalform die Stabilität einzig durch das langsame Teilsystem (2.15) bestimmt. Das schnelle Teilsystem (2.16) fügt der Lösung lediglich Impulsterme hinzu [Dua02].

Mithilfe der beiden Transformationsmatrizen S und R können die beiden Projektoren P_r und P_l auf den rechten bzw. linken Teilraum des ersten Teilsystems

$$P_r = S \begin{pmatrix} I_{n_1} & 0 \\ 0 & 0 \end{pmatrix} S^{-1}, \quad P_l = R \begin{pmatrix} I_{n_1} & 0 \\ 0 & 0 \end{pmatrix} R^{-1} \qquad (2.20)$$

der Matrixschar $sE - A$ definiert werden.

Die zweite Eigenschaft, die nachfolgend Verwendung findet, ist die *Impulsfreiheit*.

Definition 2.8 (Impulsfreiheit). *Das reguläre Deskriptorsystem* (2.13) *heißt impulsfrei, wenn*

$$\operatorname{rang}(E) = \deg \det(sE - A). \qquad (2.21)$$

gilt.

Diese Eigenschaft garantiert, dass die Lösung von (2.13) keine Impulsterme enthält. In der Weierstraß-Normalform (2.14) ergibt sich für impulsfreie Systeme $N = 0$. Alternativ zu dem in Definition 2.8 angegebenen Zusammenhang, kann die Impulsfreiheit auch über den Index des Matrixpaares (E, A) angegeben werden. So ist ein reguläres System (2.13) genau dann impulsfrei, wenn der Index des Matrixpaares (E, A) den Wert eins nicht übersteigt. Sowohl Regularität als auch Impulsfreiheit sind strukturelle Eigenschaften, siehe [RR97, SRV+01, RRW98].

Äquivalent zum linearen Zustandsraumsystem kann die Bestimmung der Stabilität von regulären linearen Deskriptorsystemen über die Lage der Wurzeln der charakteristischen Gleichung

$$\det(sE - A) = 0 \tag{2.22}$$

erfolgen.

Mit den zuvor definierten Eigenschaften kann nun eine Lyapunov-Bedingung formuliert werden, ausgehend vom quadratischen Lyapunov-Ansatz

$$V(x) = x^T E^T P E x \tag{2.23}$$

mit einer symmetrischen, positiv semidefiniten Matrix $P \in \mathbb{R}^{n \times n}$. Für die zeitliche Ableitung ergibt sich

$$\dot{V}(x) = \dot{x}^T E^T P E x + x^T E^T P E \dot{x} \tag{2.24}$$
$$= x^T \left(A^T P E + E^T P A \right) x. \tag{2.25}$$

Die negative Definitheit dieser Ableitung erfordert somit

$$A^T P E + E^T P A = -Q \tag{2.26}$$

mit einer symmetrischen, positiv definiten Matrix $Q \in \mathbb{R}^{n \times n}$. Wenn die Matrix E singulär ist, besteht die Möglichkeit, dass die Gleichung (2.26) keine Lösung besitzt, obwohl alle Wurzeln der charakteristischen Gleichung (2.22) einen negativen Realteil haben. Sollte sie dennoch eine Lösung besitzen, so ist diese nicht eindeutig [Sty02]. Dieses Problem kann mit Hilfe der Projektoren (2.20), wie in folgendem Theorem formuliert, umgangen werden [Sty02].

Theorem 2.4 (Lyapunov-Bedingung für lineare Deskriptorsysteme)**.** *Das reguläre Deskriptorsystem (2.13) ist genau dann asymptotisch stabil, wenn die Gleichungen*

$$A^T P E + E^T P A = -P_r^T Q P_r, \quad P = P_l^T P P_l = P^T \tag{2.27}$$

eine symmetrische, positiv semidefinite Lösung $P \succeq 0$ für jede symmetrische, positiv definite Matrix $Q \succ 0$ besitzen.

Beweis nach [Dua02]. Es sei

$$S^{-T}PS^{-1} = \begin{pmatrix} P_{11} & P_{12} \\ P_{12}^T & P_{22} \end{pmatrix}, \ R^T QR = \begin{pmatrix} Q_{11} & Q_{12} \\ Q_{12}^T & Q_{22}. \end{pmatrix}$$

Mit (2.14) ergibt sich

$$E^T PA = R^{-T} \begin{pmatrix} P_{11}A_1 & P_{12} \\ N^T P_{12}^T A_1 & N^T P_{22} \end{pmatrix} R^{-1} \ \text{ und } \ P_r^T QP_r = R^{-T} \begin{pmatrix} Q_{11} & 0 \\ 0 & 0 \end{pmatrix} R^{-1}.$$

Diese Ansätze und die Lyapunov-Bedingung (2.27) führen auf die folgenden Gleichungen:

$$P_{11}A_1 + A_1^T P_{11} = -Q_{11}, \tag{2.28}$$

$$P_{12} + A_1^T P_{12}N = 0, \tag{2.29}$$

$$N^T P_{22} + P_{22}N = 0. \tag{2.30}$$

Ausgehend davon, dass eine positiv semidefinite Matrix $P \succeq 0$ und eine positiv definite Matrix $Q \succ 0$ existieren, welche die Gleichung (2.27) erfüllen, so gilt auch für die Untermatrizen $P_{11} \succeq 0$ und $Q_{11} \succ 0$. Sollte nun ein Zustand $\tilde{x} \neq 0$ existieren, so dass $P_{11}\tilde{x} = 0$ gilt, würde sich durch Multiplikation von links mit $\tilde{x}^T$ und durch Multiplikation von rechts mit $\tilde{x}$ aus der Gleichung (2.28)

$$\tilde{x}^T Q_{11}\tilde{x} = 0, \ \tilde{x} \neq 0$$

ergeben. Dies steht im Widerspruch zu $Q_{11} \succ 0$. Daher existiert für jede Matrix $Q_{11} \succ 0$ eine Matrix $P_{11} \succ 0$, welche die Lyapunov-Bedingung (2.27) erfüllt. Die Gleichung (2.28) hat die Struktur der Lyapunov-Gleichung (2.12), somit ist A_1 eine Hurwitz-Matrix und damit auch das Deskriptorsystem asymptotisch stabil. □

Daher kann trotz einer positiv semidefiniten Matrix P auf asymptotische Stabilität geschlossen werden. Um die Eindeutigkeit der Lösung von $A^T PE + E^T PA = -P_r^T QP_r$ zu sichern, wird die zusätzliche Bedingung $P = P_l^T PP_l = P^T$ verwendet [Sty02]. Für impulsfreie Systeme ist die Berechnung der Projektoren nicht notwendig. Stattdessen kann direkt die Matrix E verwendet werden. Dies führt zu folgendem Theorem [Dua02, Theorem 3.16]:

Theorem 2.5 (Lyapunov-Bedingung für impulsfreie, lineare Deskriptorsysteme). *Das reguläre Deskriptorsystem (2.13) ist genau dann asymptotisch stabil und impulsfrei,* *wenn die Gleichungen*

$$A^T P E + E^T P A = -E^T Q E \tag{2.31}$$

eine symmetrische, positiv semidefinite Lösung $P \succeq 0$ für jede symmetrische, positiv definite Matrix $Q \succ 0$ besitzt.

Alternativ zu Ansatz (2.23) kann der Lyapunov-Ansatz [MKOS97, Mül13]

$$V(x) = x^T E^T P x \tag{2.32}$$

mit $E^T P = P^T E$ für impulsfreie Systeme verwendet werden. Die zeitliche Ableitung von (2.32) führt auf die zugehörige Lyapunov-Gleichung

$$A^T P + P^T A = -Q \tag{2.33}$$

mit einer symmetrischen, positiv definiten Matrix Q. Gleichung (2.33) ist äquivalent zu der Lyapunov-Gleichung des linearen Zustandsraumsystems. Es existieren allerdings zwei Unterschiede. Zum einen muss die zusätzliche Bedingung $E^T P = P^T E$ erfüllt werden und zum anderen werden keine Symmetrie- oder Definitheitsanforderungen an die Matrix P gestellt. Dies fasst nachfolgendes Theorem zusammen [MKOS97, Lemma 2]:

Theorem 2.6 (Lyapunov-Bedingung für impulsfreie, lineare Deskriptorsysteme). *Das reguläre, impulsfreie Deskriptorsystem* (2.13) *ist genau dann asymptotisch stabil, wenn die Gleichungen*

$$A^T P + P^T A = -Q, \quad E^T P = P^T E \succeq 0 \tag{2.34}$$

eine Matrix P für jede symmetrische, positiv definite Matrix Q erfüllt.

2.5 Eingangs-Zustands-Stabilität

Die *Eingangs-Zustands-Stabilität* (engl. input-to-state stability, kurz: ISS) [Son89b] erweitert die Eigenschaft der globalen asymptotischen Stabilität auf Systeme der Form

$$\dot{x} = F(x, w) \tag{2.35}$$

mit dem Vektorfeld $F : \mathbb{R}^n \times \mathbb{R}^m \to \mathbb{R}^n$, dem Eingang bzw. der Störung $w(t) \in \mathbb{R}^m$ und der Ruhelage $(0, 0)$. Es gelte somit $\dot{x} = F(0, 0) = 0$. Dabei fordert die Eingangs-

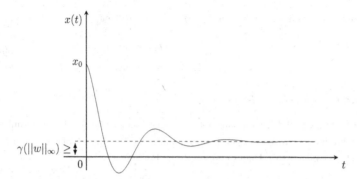

Abbildung 5 – Veranschaulichung der Eingangs-Zustands-Stabilität

Zustands-Stabilität, dass ein System bis auf einen Fehlerterm in Abhängigkeit von $\|w\|_\infty$, mit der Supremumsnorm $\|\cdot\|_\infty$ global asymptotisch stabil bleibt. Mit Hilfe der Definitionen 2.5 und 2.6 aus Abschnitt 2.2 kann nun auch die Eingangs-Zustands-Stabilität definiert werden (vgl. [SJK97],[Son08]):

Definition 2.9 (Eingangs-Zustands-Stabilität). *Ein System* (2.35) *wird eingangs-zustands-stabil (ISS) genannt, wenn zwei Funktionen* $\beta \in KL$ *und* $\gamma \in K_\infty$ *derart existieren, dass für alle Anfangswerte* $x_0 = x(0)$ *und für alle beschränkten Eingangsfunktionen* w *für* $t \geq 0$ *die Ungleichung*

$$|x(t)| \leq \beta(|x_0|, t) + \gamma(\|w\|_\infty) \tag{2.36}$$

erfüllt wird.

Werden die beiden Summanden der rechten Seite von Ungleichung (2.36) getrennt voneinander betrachtet, können die zwei wesentlichen Eigenschaften von ISS-Systemen verdeutlicht werden. Aus $|x(t)| \leq \beta(|x_0|, t)$ folgt direkt, dass das autonome System ($w \equiv 0$) global asymptotisch stabil ist. Bei der Betrachtung von (2.36) für $t \to \infty$ verschwindet der zustandsabhängige Term auf der rechten Seite ($\beta(|x_0|, t) \to 0$) und es ergibt sich $\lim_{t\to\infty} \sup |x(t)| \leq \gamma(\|w\|_\infty)$. Dadurch ist die asymptotische Verstärkung (engl. asymptotic gain) durch $\gamma(\|w\|_\infty)$ beschränkt. Dieses Verhalten ist anhand einer beispielhaften Trajektorie in Abbildung 5 verdeutlicht. Wie bei vielen anderen Stabilitätseigenschaften existiert auch für die Eingangs-Zustands-Stabilität eine Lyapunov-Formulierung [SW95a, ST95]:

Definition 2.10 (ISS-Lyapunov-Funktion). *Eine Funktion* $V : \mathbb{U} \to \mathbb{R}^+$ *heißt ISS-*

Lyapunov-Funktion *für ein System* (2.35), *wenn sie folgende Eigenschaften erfüllt:*

$$\underline{\alpha}(|x|) \leq V(x) \leq \bar{\alpha}(|x|), \tag{2.37}$$

$$|x| \geq \gamma(|w|) \implies \dot{V}(x,w) \leq -\alpha(|x|) \tag{2.38}$$

mit $\underline{\alpha}, \bar{\alpha} \in K_\infty$ *und* $\alpha, \gamma \in K$.

Die Bedingung (2.38) kann dahingehend abgeschwächt werden, dass die Funktion $\alpha(|x|)$ durch eine stetige, positiv definite Funktion $W(x)$ ersetzt werden kann (z. B. [Kha02, Theorem 4.19]). Damit ergibt sich die Bedingung

$$|x| \geq \gamma(|w|) \implies \dot{V}(x,w) \leq -W(x). \tag{2.39}$$

Darüber hinaus können ISS-Lyapunov-Funktionen auch über eine sogenannte „Dissipation"-Charakterisierung definiert werden [SW95a, Remark 2.4]:

Lemma 2.1 (Alternative Charakterisierung). *Eine Funktion* $V : \mathbb{U} \to \mathbb{R}^+$ *ist genau dann eine ISS-Lyapunov-Funktion für ein System* (2.35), *wenn sie folgende Eigenschaften erfüllt:*

$$\underline{\alpha}(|x|) \leq V(x) \leq \bar{\alpha}(|x|) \tag{2.40}$$

$$\dot{V}(x,w) \leq \gamma(|w|) - \alpha(|x|), \tag{2.41}$$

wobei $\underline{\alpha}, \bar{\alpha}, \alpha, \gamma \in K_\infty$.

Anmerkung 2.1. *Ein quadratischer Lyapunov-Ansatz*

$$V(x) = x^T P x \quad mit \quad P = P^T \in \mathbb{R}^{n \times n}$$

erfüllt nach dem Courant-Fischer-Theorem (Min-Max-Principle, z. B. [Dym13]) die Bedingungen (2.37) *oder* (2.40) *genau dann, wenn die Matrix* P *positiv definit ist:*

$$\underbrace{\lambda_{\min}(P) \cdot \|x\|^2}_{\underline{\alpha}(\|x\|)} \leq x^T P x \leq \underbrace{\lambda_{\max}(P) \cdot \|x\|^2}_{\bar{\alpha}(\|x\|)}.$$

Die Frage, ob die Lyapunov-Bedingungen (2.37) und (2.38) bzw. (2.40) und (2.41) äquivalent zu der Bedingung (2.36) sind, wird in nachfolgendem Satz beantwortet [SW95a]:

Satz 2.2 (ISS ⇔ ISS-Lyapunov-Funktion). *Das System* (2.35) *ist eingangs-zustands-stabil genau dann, wenn eine ISS-Lyapunov-Funktion existiert.*

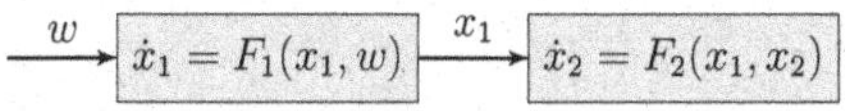

$$\xrightarrow{\ w\ } \boxed{\dot{x}_1 = F_1(x_1, w)} \xrightarrow{\ x_1\ } \boxed{\dot{x}_2 = F_2(x_1, x_2)}$$

Abbildung 6 – Kaskadierte Kopplung

Der Rechenaufwand, der im weiteren Verlauf der Arbeit verwendeten Verfahren, steigt stark mit zunehmender Variablenanzahl. Daher ist es vorteilhaft, diese bei der jeweiligen Berechnung, soweit es möglich ist, zu reduzieren. Ein häufig verwendeter Ansatz ist, das Problem in mehrere kleinere Probleme zu zerlegen, z. B. [AP12, AAP13]. Dies ist nicht immer möglich. Das folgende Lemma beschreibt allerdings eine Möglichkeit, wie dies erreicht werden kann [Son89a]:

Lemma 2.2 (ISS für kaskadierte Systeme). *Ein kaskadiertes System wie in Abbildung 6 dargestellt, ist genau dann eingangs-zustands-stabil, wenn jedes Teilsystem dieser Kaskadierung eingangs-zustands-stabil ist.*

Somit können die einzelnen Teilsysteme separat analysiert werden, wenn das System (2.35) eine kaskadierte Struktur (vgl. Abbildung 6) aufweist. Diese besitzen eine entsprechend kleinere Systemdimension, was demzufolge zu weniger Variablen bei der Berechnung führt.

2.6 Inkrementelle Stabilität und inkrementelle Eingangs-Zustands-Stabilität

Bei den klassischen Stabilitätsbegriffen (Lyapunov-Stabilität, asymptotische Stabilität, ISS usw.) wird stets das Verhalten von Trajektorien des jeweiligen dynamischen Systems bezüglich einer Ruhelage bzw. einer bestimmten Trajektorie beschrieben. Wird dieser Gedanke weitergeführt, resultiert die Frage, wie sich beliebige Trajektorien in Bezug zueinander verhalten. Diese Überlegung führt zu der inkrementellen Stabilität, welche eine stärkere Eigenschaft als die zuvor betrachteten Stabilitätsbegriffe ist. So fordert die inkrementelle Stabilität, dass alle Trajektorien zueinander konvergieren. Im linearen Fall ist solch ein Verhalten äquivalent zur asymptotischen Stabilität. Im nichtlinearen Fall gilt dies allerdings nicht (z.B. [Ang02, ZM11]). Die Untersuchung der inkrementellen Stabilität geht auf Zames [Zam63] zurück.

Ausgehend von diesen Überlegungen werden die *inkrementelle globale asymptotische Stabilität* (δGAS) und die *inkrementelle Eingangs-Zustands-Stabilität* (engl. incremental input-to-state stability, kurz: δISS) definiert [Ang02]:

Definition 2.11 (Inkrementelle globale asymptotische Stabilität). *Ein System (2.35) wird inkrementell global asymptotisch stabil (δGAS) genannt, wenn eine Funktion*

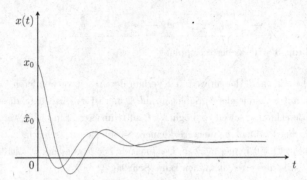

Abbildung 7 – Veranschaulichung der inkrementellen globalen
asymptotischen Stabilität

$\beta \in KL$ *existiert, sodass für alle Anfangswerte* $x_0, \hat{x}_0$ *und für alle Eingangsfunktionen* $w \in \mathcal{W}$ *für* $t \geq 0$ *die Ungleichung*

$$|x(t, x_0, w) - x(t, \hat{x}_0, w)| \leq \beta(|x_0 - \hat{x}_0|, t) \qquad (2.42)$$

erfüllt wird.

Bei dieser Definition ist zu beachten, dass w hier als Störung und nicht als Steuersignal aufgefasst wird. Die Menge $\mathcal{W}$ umfasst dabei alle messbaren und lokal beschränkten Funktionen der Zeit.

Die Gleichung (2.42) beschreibt, dass die beiden Trajektorien $x(t, x_0, w)$ und $x(t, \hat{x}_0, w)$ für $t \to \infty$ zueinander konvergieren. Dieses Verhalten zeigt Abbildung 7.

Wie bei der Eingangs-Zustands-Stabilität existiert auch für die inkrementelle globale asymptotische Stabilität eine äquivalente Lyapunov-Formulierung [Ang02].

Definition 2.12 (δGAS-Lyapunov-Funktion). *Eine Funktion* $V : \mathbb{U} \times \mathbb{U} \to \mathbb{R}^+$ *heißt* δGAS-Lyapunov-Funktion, *wenn sie folgende Eigenschaften erfüllt:*

$$\underline{\alpha}(|x - \hat{x}|) \leq V(x, \hat{x}) \leq \bar{\alpha}(|x - \hat{x}|) \qquad (2.43)$$

$$\frac{\partial V(x, \hat{x})}{\partial x} F(x, w) + \frac{\partial V(x, \hat{x})}{\partial \hat{x}} F(\hat{x}, w) \leq -\alpha(|x - \hat{x}|), \qquad (2.44)$$

wobei $\underline{\alpha}, \bar{\alpha}, \alpha \in K_\infty$ *gilt.*

Die Äquivalenz zwischen δGAS und der Existenz einer δGAS-Lyapunov-Funktion gilt nur, solange die Menge aller möglichen Eingänge $\mathcal{W}$ kompakt ist [Ang02].

Stellt die Eingangsgröße nicht mehr nur eine Störung dar, sondern ist tatsächlich eine Steuerfunktion, so wird das Konzept der inkrementellen Stabilität auf das der inkrementellen Eingangs-Zustands-Stabilität erweitert. Um diesen Sachverhalt zu verdeutlichen, wird im Folgenden u für Eingangssignale und w für Störungen verwendet.

Definition 2.13 (Inkrementelle Eingangs-Zustands-Stabilität). *Ein System* (2.35) *wird inkrementell eingangs-zustands-stabil (δISS) genannt, wenn zwei Funktionen* $\beta \in KL$ *und* $\gamma \in K_\infty$ *existieren, sodass für alle Anfangswerte* $x_0, \hat{x}_0$ *und für alle Eingangsfunktionen* $u(t), \hat{u}(t) \in \mathcal{U}$, *wobei* $\mathcal{U} \subseteq \mathbb{R}^m$ *abgeschlossen und konvex ist, für* $t \geq 0$ *die Ungleichung*

$$|x(t, x_0, u) - x(t, \hat{x}_0, \hat{u})| \leq \beta(|x_0 - \hat{x}_0|, t) + \gamma(||u - \hat{u}||_\infty) \qquad (2.45)$$

erfüllt wird.

Die Ungleichung (2.45) kann dabei wie folgt interpretiert werden. Für $t \to \infty$ verschwindet der zustandsabhängige Term $\beta(|x_0 - \hat{x}_0|, t)$. Infolgedessen wird die Norm der Trajektoriendifferenz lediglich von der Eingangssignaldifferenz abhängigen Funktion $\gamma(||u - \hat{u}||_\infty)$ beschränkt. Somit beschreibt diese Eigenschaft, dass die Trajektorien eines Systems mit einer Anfangswert- und Eingangsstörung bis auf einen von der Supremumsnorm der Eingangsdifferenz abhängigen Fehler zueinander konvergieren. Dies verdeutlicht Abbildung 8. Mit (2.45) kann gezeigt werden, dass sowohl die Eingangs-Zustands-Stabilität ($\hat{x}_0 = 0$, $\hat{u} = 0$, $F(0,0) = 0$) als auch die inkrementelle globale asymptotische Stabilität ($u = \hat{u}$) Spezialfälle der inkrementellen Eingangs-Zustands-Stabilität sind. Diesen Zusammenhang zeigt Abbildung 9.

Für lineare Systeme sind alle in Abbildung 9 dargestellten Eigenschaften äquivalent. Dies bedeutet insbesondere, dass jedes lineare, asymptotisch stabile System auch δISS ist [Ang02, Ang09, ZM11].

In analoger Herangehensweise zur ISS wird nun eine Lyapunov-Formulierung in Anlehnung an [Ang02, ZM11] für die δISS angegeben:

Definition 2.14 (δISS-Lyapunov-Funktion). *Eine Funktion* $V : U \times U \to \mathbb{R}^+$ *heißt* δISS-Lyapunov-Funktion, *wenn Sie folgende Eigenschaften erfüllt:*

$$\underline{\alpha}(|x - \hat{x}|) \leq V(x, \hat{x}) \leq \bar{\alpha}(|x - \hat{x}|), \qquad (2.46)$$

$$\frac{\partial V}{\partial x} F(x, u) + \frac{\partial V}{\partial \hat{x}} F(\hat{x}, \hat{u}) \leq \gamma(|u - \hat{u}|) - \kappa V(x, \hat{x}) \qquad (2.47)$$

mit $\underline{\alpha}, \bar{\alpha}, \gamma \in K_\infty$ *and* $\kappa > 0$.

Der Term $\kappa V(x, \hat{x})$ kann ohne Einschränkung der Allgemeingültigkeit durch $\alpha(|x - \hat{x}|)$ mit $\alpha \in K_\infty$ ersetzt werden [PW96].

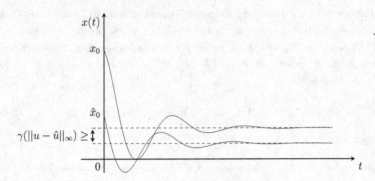

Abbildung 8 – Veranschaulichung der inkrementellen
Eingangs-Zustands-Stabilität

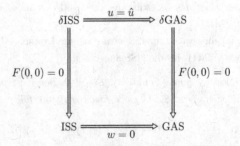

Abbildung 9 – Zusammenhang zwischen δISS, ISS, δGAS, GAS

Die Äquivalenz zwischen δISS und der Existenz einer δISS-Lyapunov-Funktion beschreibt nachfolgender Satz [Ang02, Theorem 2]:

Satz 2.3 (δISS $\Leftrightarrow$ δISS-Lyapunov-Funktion). *Das System* (2.35) *ist genau dann inkrementell eingangs-zustands-stabil, wenn ein δISS-Lyapunov-Funktion existiert und $\mathcal{U}$ kompakt ist.*

Nachdem in diesem Kapitel die notwendigen stabilitätstheoretischen Eigenschaften und Zusammenhänge eingeführt wurden, können diese nun in den nachfolgenden Kapiteln verwendet werden. Mittels Quadratsummenzerlegung werden im anschließenden Kapitel systematische Verfahren entwickelt, welche die jeweiligen Eigenschaften bestimmen.

3 Quadratsummenzerlegung zur numerischen Stabilitätsanalyse

Wie im vorherigen Kapitel dargestellt, kommen Lyapunov-Methoden eine zentrale Rolle bei der Stabilitätsanalyse dynamischer Systeme zu. Die wesentliche Herausforderung, die mit diesen Methoden einhergeht, ist die Notwendigkeit einer Definitheitsprüfung. Dies ist i. Allg. ein schwer handzuhabendes Problem. Bereits bei Polynomen ab Ordnung 4 handelt es sich bei der Überprüfung der Definitheit um ein NP-schweres Problem [MK87]. Ein Ausweg, zumindest für polynomiale Systeme, bietet die Zerlegung in Summen von Quadraten (engl. sum of squares, kurz: SOS).

Im Folgenden wird vorgestellt, wie die Stabilitätsuntersuchung auch für nicht-polynomiale Systeme mit Quadratsummenzerlegung erfolgt. Im ersten Schritt wird gezeigt, wie Lyapunov-Funktionen bestimmt werden können. Darauf aufbauend wird das Verfahren auf Eingangs-Zustands-Stabilität und inkrementeller Eingangs-Zustands-Stabilität erweitert. Die dafür notwendigen Lyapunov-Funktionen werden mithilfe der *MATLAB* Toolbox *SOSTOOLS* [PPP02] bestimmt. Da mit dieser Toolbox und dem SOS-Verfahren nur polynomiale Systeme untersucht werden können, wird ein Verfahren zur rationalen Umformung verwendet. Dabei wird i. Allg. die Systemdimension erhöht und zusätzliche Nebenbedingungen erzeugt. Zuvor werden die algebraischen Grundlagen definiert. Die hier dargestellten Resultate basieren auf [VR19b].

3.1 Polynome und Quadratsummen

3.1.1 Polynome und semidefinite Programmierung

Zu Beginn dieses Abschnittes werden einige Begriffe definiert und algebraische Zusammenhänge verdeutlicht.

Ein *Monom* von n Variablen ist eine Funktion der Form

$$m_i(x) = m_i(x_1, x_2, \ldots, x_n) \in \mathcal{M}(x_1, x_2, \ldots, x_n) = \{x_1^{\alpha_1} x_2^{\alpha_2} \ldots x_n^{\alpha_n} | \alpha_i \in \mathbb{N}_0\}, \quad (3.1)$$

wobei $\mathcal{M}$ die Menge aller Monome in den Variablen $x_1, \ldots, x_n$ ist. Ist $m(x)$ vektoriell, so handelt es sich dabei um einen lexikalisch geordneten Spaltenvektor

$$m(x) = (1, x_1, x_2, \ldots, x_n, x_1^2, x_1 x_2, \ldots, x_1 x_n, x_2^2 \ldots)^T. \quad (3.2)$$

© Springer Fachmedien Wiesbaden GmbH, ein Teil von Springer Nature 2019
R. Voßwinkel, *Systematische Analyse und Entwurf von Regelungseinrichtungen auf Basis von Lyapunov's direkter Methode*, https://doi.org/10.1007/978-3-658-28061-1_3

Eine endliche Linearkombination von Monomen mit reellen Koeffizienten nennt man
Polynom

$$p(x_1, x_2, \ldots, x_n) = \sum_i k_i m_i = k^T m, \quad k \in \mathbb{R}^m, m \in \mathcal{M}^m. \tag{3.3}$$

Die Menge aller Polynome wird $\mathcal{P}$ genannt. Als *SOS-Polynom* wird ein Polynom aus
der Menge

$$\mathcal{S} = \{p \in \mathcal{P} | p = \sum_{i=1}^{k} q_i^2, \quad q_i \in \mathcal{P}\} \tag{3.4}$$

bezeichnet. Aus Definition (3.4) wird ersichtlich, dass jedes Polynom $p \in \mathcal{S}$ positiv
semidefinit ist. Es ergibt sich die Frage, ob sich auch jedes positiv semidefinite Polynom
durch eine Summe von Quadraten darstellen lässt. Dabei handelt es sich um das 17. der
23 mathematischen Probleme, die Hilbert 1900 auf dem Internationalen Mathematiker-
Kongress in Paris vorstellte [Hil00]. Das damals ungelöste Problem lässt sich heute
mit Nein beantworten [Rez00]. Ein bekanntes Beispiel für ein positiv semidefinites
Polynom, das nicht als Quadratsumme darstellbar ist, ist das Motzkin-Polynom
[Mot67]

$$p_{M_\chi}(x) = (x_1^2 + \ldots + x_{\chi-1}^2 - \chi x_\chi^2)x_1^2 \ldots x_{\chi-1}^2 + x_\chi^{2\chi}, \tag{3.5}$$

mit $\chi \geq 3$.

Für $\chi = 3$ ergibt sich somit

$$p_{M_3}(x) = (x_1^2 + x_2^2 - 3x_3^2)x_1^2 x_2^2 + x^6 = x_1^4 x_2^2 + x_1^2 x_2^4 + x_3^6 - 3x_1^2 x_2^2 x_3^2. \tag{3.6}$$

Der Beweis für die positive Definitheit dieses Polynoms erfolgt über die aus der
arithmetischen Geometrie stammenden Ungleichung $\frac{a+b+c}{3} \geq (abc)^{\frac{1}{3}}$ mit $(a, b, c) =$
$(x_1^4 x_2^2, x_1^2 x_2^4, x^6)$. Der Beweis dafür, dass $p_{M_3} \notin \mathcal{S}$ gilt, wird beispielsweise in [Rez00]
geführt. Damit ist die Bedingung, ob ein Polynom in eine Summe von Quadraten
zerlegt werden kann nicht notwendig, aber hinreichend für positive Semidefinitheit. In
[Che07] werden die Unterschiede zwischen der Menge aller SOS-Polynome und der
Menge aller positiv semidefiniten Polynome genauer betrachtet.

Der wesentliche Grund für die gute rechentechnische Handhabbarkeit von SOS-
Polynomen liegt darin begründet, dass ein Polynom $p(x)$ genau dann ein SOS-Polynom
ist, wenn ein Vektor von Monomen $m(x)$ und eine positiv semidefinite Matrix Q

existieren, so dass

$$p(x) = m(x)^T Q m(x) \qquad (3.7)$$

gilt [Par00]. Die Matrix Q wird als *Gramsche Matrix*[1] bezeichnet und ist eine symmetrische, positiv semidefinite Matrix. In den Monomenvektoren $m(x)$ sind alle Monome bis zum Grad $\frac{1}{2} \deg(p(x))$ enthalten. Zu beachten ist, dass die Matrix Q nicht eindeutig ist, da die Monome nicht algebraisch unabhängig sind. In [Par00] wurde gezeigt, dass man die Suche nach einer Gramschen Matrix Q in eine semidefinite Programmierungsaufgabe überführen kann.

Semidefinite Optimierungsprobleme können als

$$\text{Minimiere: } c^T y \qquad (3.8)$$

$$\text{sodass} \quad Q_0 + \sum_{k=1}^{n} Q_k y_k \succeq 0 \qquad (3.9)$$

in der sogenannten Ungleichungsform dargestellt werden. Die Ungleichungsnebenbedingungen sind *lineare Matrix-Ungleichungen* (engl. linear matrix inequality, kurz: LMI). Semidefinite Programme sind stets konvexe Optimierungsprobleme [JS04], da die Restriktionsmenge konvex und die Zielfunktion linear ist. Die Konvexität der Restriktionsmenge resultiert aus den affin-linearen Gleichungs- und Ungleichungsrestriktionen. Für diese semidefiniten Optimierungsprobleme existieren effiziente Software-Pakete. Im Folgenden wird das freie Software-Werkzeug *SeDuMi* [Stu99] verwendet. Alternativ können zur Lösung des semidefiniten Problems auch *CSDP* [Bor99], *SDPNAL* [ZST10], *SDPNAL+* [YST15], *SDPA* [YFK03], *CDCS* [ZFP+18] oder *SDPT3* [TTT12] verwendet werden. Die Umformung eines SOS-Problems in ein semidefinites Programm geschieht mit *SOSTOOLS* unter *MATLAB*. Dazu werden die einzelnen Stabilitätsbedingungen in SOS-Bedingungen umformuliert. Das entstandene SOS-Programm wird unter *MATLAB* mittels SOSTOOLS in ein semidefinites Programm überführt. Dieses semidefinite Programm wird anschließend mit einem entsprechenden Software-Werkzeug gelöst. Die Lösung dieses Problems wird dann wieder mit *SOSTOOLS* in die Lösung des originalen SOS-Problems übertragen. Diesen Zusammenhang verdeutlicht Abbildung 10. Alternativ zu SOSTOOLS können auch die MATLAB-Toolboxen *Gloptipoly* [HL02] und *YALMIP* [Lof04] verwendet werden. Auch diese benötigen eine zusätzliche Software zum lösen der entstehenden semidefiniten Programme (bspw. SeDuMi). Somit ist die Herangehensweise bei allen

---

[1]Diese ist nicht zu verwechseln mit der in der Regelungstechnik häufig verwendeten, Gramschen Matrix zu Regelbarkeit- bzw. Beobachtbarkeitsanalyse.

Toolboxen ähnlich. Die jeweiligen Präferenzen in der Bedienung bestimmen daher die konkrete Wahl. Im nachfolgenden werden alle Berechnungen mit SOSTOOLS durchgeführt.

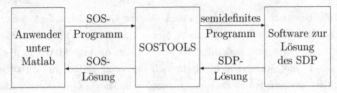

Abbildung 10 – Zusammenhang zwischen dem SOS-Programm, dem semidefiniten Programm (SDP) und SOSTOOLS (vgl. [PPP02])

3.1.2 Positivstellensatz

Ein weiterer zentraler Satz aus der algebraischen Geometrie ist der *Positivstellensatz* bzw. *Stengle's Positivstellensatz* [Ste74]. Dieser erlaubt Rückschlüsse auf die Definitheit eines Polynoms unter Zuhilfenahme anderer Polynome mit gewissen Eigenschaften.

Bevor der Positivstellensatz eingeführt wird, werden zunächst einige Begriffe definiert [BCR98]:

Definition 3.1 (Multiplikativer Monoid). *Zu gegebenen Polynomen $g_1, \ldots, g_t$ wird der* multiplikative Monoid *durch alle endlichen Produkte der Polynome g_i gebildet. Er wird mit $\mathcal{O}(g_1, \ldots, g_t)$ bezeichnet. Aus Vollständigkeitsgründen wird $\mathcal{O}(\emptyset) = \{1\}$ gewählt.*

Definition 3.2 (Kegel). *Zu gegebenen Polynomen $f_1, \ldots, f_s$ wird der* Kegel *durch*

$$\mathcal{K}(f_1, \ldots, f_s) := \{s_0 + \sum s_i b_i | s_i \in \mathcal{S}, b_i \in \mathcal{O}(f_1, \ldots, f_s)\}$$

gebildet. Aus Vollständigkeitsgründen wird $\mathcal{K}(\emptyset) = \mathcal{S}$ gewählt.

Definition 3.3 (Ideal). *Zu gegebenen Polynomen $h_1, \ldots, h_u$ wird das* Ideal *durch*

$$\mathcal{I}(h_1, \ldots, h_u) := \{\sum h_i p_i | p_i \in \mathcal{P}\}$$

gebildet. Aus Vollständigkeitsgründen wird $\mathcal{I}(\emptyset) = \{0\}$ gewählt.

Unter Verwendung dieser Definitionen kann folgender Satz, welcher eine überarbeitete Version des Originals aus [Ste74] ist, formuliert werden [BCR98, Theorem 4.2.2]:

Satz 3.1 (Positivstellensatz). *Gegeben seien die Mengen von Polynomen* $\{f_1, \ldots, f_s\}$, $\{g_1, \ldots, g_t\}$ *und* $\{h_1, \ldots, h_u\}$, *dann sind die folgenden zwei Aussagen äquivalent:*

1. *Die Menge*

$$\left\{ x \in \mathbb{R}^n \,\middle|\, \begin{array}{l} f_1(x) \geq 0, \ldots, f_s(x) \geq 0 \\ g_1(x) \neq 0, \ldots, g_t(x) \neq 0 \\ h_1(x) = 0, \ldots, h_u(x) = 0 \end{array} \right\} \tag{3.10}$$

   ist leer.

2. *Es existieren Polynome* $f \in \mathcal{K}(f_1, \ldots, f_s)$, $g \in \mathcal{M}(g_1, \ldots, g_t)$ *und* $h \in \mathcal{I}(h_1, \ldots, h_u)$, *so dass*

$$f(x) + g^2(x) + h(x) = 0 \tag{3.11}$$

   gilt.

Beweis. Es wird hier nur gezeigt, dass aus 2. $\Longrightarrow$ 1. gilt [Par00]. Angenommen die Menge (3.10) wäre nicht leer und x_e wäre ein Element dieser Menge, dann würde aus den Definitionen folgen:

$$f(x_e) \geq 0, \quad g^2(x_e) > 0, \quad h(x_e) = 0.$$

Dies wiederum würde bedeuten, dass $f(x_e) + g^2(x_e) + h(x_e) > 0$, was im Widerspruch zu Bedingung 2 stehen würde. $\square$

Eine vollständige Diskussion und einen Beweis zu diesem Satz kann in [BCR98] gefunden werden. Um den Satz 3.1 zu verwenden, werden Polynome g, f, h so definiert, dass eine leere Menge entsteht (vgl. Bedingung 1). Ob diese Bedingung tatsächlich erfüllt ist, kann mit Bedingung 2 überprüft werden. Dieses Vorgehen wird verwendet, um die positive Definitheit von Polynomen zu zeigen, die nicht als Summe von Quadraten darstellbar sind. Der wesentliche Vorteil ist, dass daraus SOS-Bedingungen abgeleitet werden, die wiederum mit entsprechenden Software-Werkzeugen gelöst werden können. Dies wird nun am Motzkin Polynom p_{M_3} gezeigt.

Beispiel 3.1 (Positive Definitheit des Motzkin Polynoms (vgl. [Bäu11])). *Zunächst wird die leere Menge aus Satz 3.1 Bedingung 1 erzeugt. Dies wird erreicht, indem man die Bedingung $p_{M_3}(x) \geq 0$ umkehrt und zusätzlich die Bedingung $p_{M_3}(x) \neq 0$ verwendet. Daraus resultiert, dass die Menge*

$$\{x \in \mathbb{R}^3 | - p_{M_3}(x) \geq 0, p_{M_3}(x) \neq 0\} = \emptyset \tag{3.12}$$

leer ist. Nun kann die Bedingung 2 aus Satz 3.1 verwendet werden, indem der Kegel zu $-p_{M3}(x)$, der multiplikative Monoid zu $p_{M3}(x)$ und das leere Ideal gebildet wird. Es ergibt sich

$$f(x) = s_0(x) - s_1(z)p_{M_3}(x), \quad s_i \in \mathcal{S} \tag{3.13}$$

$$g(x) = p_{M_3}^{k_1}(x), \quad k_1 \in \mathbb{N} \tag{3.14}$$

$$h(x) = 0 \tag{3.15}$$

und somit

$$s_0(x) - s_1(x)p_{M_3}(x) + p_{M_3}^{2k_1}(x) = 0 \tag{3.16}$$

$$s_1(x)p_{M_3}(x) - p_{M_3}^{2k_1}(x) = s_0(x) \tag{3.17}$$

$$s_1(x)p_{M_3}(x) - p_{M_3}^{2k_1}(x) \in \mathcal{S}. \tag{3.18}$$

Da $s_0(x)$ ein SOS-Polynom ist, muss entsprechend auch $s_1(x)p_{M_3}(x) + p_{M_3}^{2k_1}(x)$ für beliebige $s_1 \in \mathcal{S}$ und $k_1 \in \mathbb{N}$ ein SOS-Polynom sein. Für die rechentechnische Lösung wird das SOS-Polynom s_1 so gewählt, dass (3.18) erfüllt ist. Aus einfachen Grenzwertbetrachtungen wird ersichtlich, dass der Term mit der höchsten Potenz von (3.18) ein positives Vorzeichen besitzen muss. Dementsprechend gilt für den Grad des zu bestimmenden Polynoms s_1

$$\deg(s_1 p_{M_3}) \geq \deg(p_{M_3}^{2k_1}) \tag{3.19}$$

$$\deg(s_1) \geq (2k_1 - 1)p_{M_3}. \tag{3.20}$$

Um den Grad möglichst gering zu halten, wird $k_1 = 1$ und für s_1 ein homogenes Polynom vom Grad 6 gewählt. Mit diesen Annahmen und SOSTOOLS kann folgendes Polynom berechnet werden

$$s_1(x) = 4,609x_1^6 + 5,868x_1^4x_2^2 - 8,254x_1^4x_3^2 - 5,868x_1^2x_2^4 + 5,333x_1^2x_2^2x_3^2 + 7,464x_1^2x_3^4$$
$$+4,609x_2^6 + 8,254x_2^4x_3^2 - 7,464x_2^2x_3^4 + 7,542x_3^6. \tag{3.21}$$

Dabei wurden Monome mit Vorfaktoren, die kleiner als 10^{-6} sind, aus Platzgründen nicht dargestellt. Dessen ungeachtet erfüllt das hier angegebene Polynom (3.21) die Bedingung (3.18).

3.2 Rationale Umformung nicht-polynomialer Vektorfelder

Dieser Abschnitt widmet sich einem Verfahren zur rationalen Umformung nicht-polynomialer Vektorfelder. Dadurch wird die Restriktion der SOS-Programmierung auf polynomiale Systeme überwunden. Bereits in den 1980er Jahren wurde gezeigt, dass jedes System mit nicht-polynomialen Nichtlinearitäten aus verschachtelten Elementarfunktionen mittels eines algorithmischen Ablaufes in ein rein rationales System höherer Dimension transformiert werden kann [SV87, Ker81].

Das zugrundeliegende Prinzip kann sehr gut an einer skalaren Differentialgleichung

$$\dot{x}_1 = \Lambda(x_1), \quad x_1(0) = x_{10} \tag{3.22}$$

mit einer nicht-polynomialen Nichtlinearität $\Lambda(x_1)$ gezeigt werden [OTRRP13, Deu05]. Definiert man eine neue Zustandsvariable über $\Lambda(x_1) = x_2$, ergibt sich für (3.22)

$$\dot{x}_1 = x_2. \tag{3.23}$$

Wird dieses Prinzip weitergeführt und $x_3 = \Lambda'(x_1)$ gewählt, kann die zeitliche Ableitung von x_2 über

$$\dot{x}_2 = \Lambda'(x_1)\dot{x}_1 = x_2 x_3, \quad x_2(0) = \Lambda(x_{10}) \tag{3.24}$$

bestimmt werden. Werden diese Schritte iterativ bis zur k-ten Ableitung von $\Lambda(x_1)$ fortgesetzt, ergibt sich

$$\dot{x}_{k+1} = \Lambda^{(k)}(x_1)\dot{x}_1, \quad x_{k+1}(0) = \Lambda^{(k-1)}(x_{10}) \tag{3.25}$$

mit $x_{k+1} = \Lambda^{(k-1)}(x_1)$.

Es gelte nun, dass $\Lambda(x_1)$ die Differentialgleichung

$$\Lambda^{(k)}(x_1) = \psi(x_1, \Lambda(x_1), \Lambda'(x_1), \dots, \Lambda^{(k-1)}(x_1))$$
$$= \psi(x_1, x_2, \dots, x_{k+1}) \tag{3.26}$$

erfüllt, wobei ψ eine differenzierbare Funktion ist und die Bedingung

$$\frac{\partial \psi}{\partial x_i} = \sum_{j=1}^{N_i} c_{ij} x_1^{q_{i1}} \cdot \dots \cdot x_{k+1}^{q_{jk+1}} \tag{3.27}$$

gilt, mit $i = 1, 2, \ldots, k + 1$, $c_{ij} \in \mathbb{R}$, $q_{ij} \in \mathbb{N}$ und N_i die Anzahl von verschachtelten elementaren Funktionen der zugehörigen Zustandsgleichung x_i ist. Mit $x_{k+2} = \Lambda^{(k)}(x_1)$ und (3.26) ergibt sich für Gleichung (3.25)

$$\dot{x}_{k+1} = x_2 x_{k+2}. \tag{3.28}$$

Als Folgerung von Gleichung (3.27) und der Tatsache, dass alle Ableitungen $\dot{x}_i$ Polynome in den Variablen x_j sind, enthält die Zustandsgleichung

$$\begin{aligned}
\dot{x}_{k+2} &= \sum_{i=1}^{k+1} \frac{\partial \psi}{\partial x_i} \\
&= \sum_{i=1}^{k+1} \sum_{j=1}^{M_i} c_{ij} x_1^{q_{j1}} \cdot \ldots \cdot x_{k+1}^{q_{jk+1}} \cdot x_{k+2}^{q_{jk+2}} \dot{x}_j
\end{aligned} \tag{3.29}$$

nur noch polynomiale Nichtlinearitäten. Ausgehend von dieser Prozedur wird der nachfolgende Satz formuliert [Deu05]:

Satz 3.2 (Polynomiale Umformung). *Wenn die elementare Funktion $\Lambda(x_1)$ aus Gleichung (3.22) die Bedingung (3.26) erfüllt, dann kann die nicht-polynomiale Gleichung (3.22) in ein System mit der Dimension $k + 2$ umgeformt werden. Sollte ψ in (3.26) ein Polynom sein, so sind lediglich $k + 1$ Zustände nötig, da die Prozedur mit (3.28) endet.*

Dieses Prinzip findet auch bei der Taylorarithmetik beim algorithmischen Differenzieren Verwendung [GW08, BS97].

Tabelle 3 – Häufig auftretende Nichtlinearitäten und deren zugehörige Differentialgleichungen [Deu05]

$\Lambda(\zeta_1) = \zeta_2$	$\Lambda'(\zeta_1) = \zeta_3$	DGL $\Lambda^{(k)}(\zeta_1) =$	k
e^{ζ_1}		$\Lambda(\zeta_1) = \zeta_2$	1
$\frac{1}{\zeta_1 + c}$		$-\Lambda^2(\zeta_1) = -\zeta_2^2$	1
$\cos(\zeta_1)$	$-\sin(\zeta_1)$	$-\Lambda(\zeta_1) = -\zeta_2$	2
$\sin(\zeta_1)$	$\cos(\zeta_1)$	$-\Lambda(\zeta_1) = -\zeta_2$	2
$\sqrt{\zeta_1 + c}$	$\frac{1}{2\sqrt{\zeta_1 + c}}$	$-2(\Lambda'(\zeta_1))^3 = -2\zeta_3^3$	2

Die Variable k gibt an, wie viele neue Zustandsvariablen nötig sind, um die Differentialgleichung umzuformen. Tabelle 3 zeigt einige häufig auftretende Nichtlinearitäten und die Anzahl der notwendigen neuen Zustandsvariablen. Dabei können Überlappungseffekte entstehen. Treten beispielsweise Sinus und Kosinus gleichzeitig auf, sind nicht vier neue Zustandsvariablen nötig, sondern lediglich zwei. Diese Umformungsprozedur kann auch auf nichtlineare Systeme n-ter Ordnung angewendet werden. Dabei ist zu beachten, dass Bedingungen in Form von Gleichungen und Ungleichungen entstehen, die das System auf eine Mannigfaltigkeit der originalen Zustandsdimension begrenzen.

Es gibt Fälle, in dehnen die Transformation „exakt" ist. Dies bedeutet, dass das transformierte System die gleiche Systemdimension hat wie das Original [PP05].

Beispiel 3.2 (Exakte Transformation [PP05]). *Das System*

$$\dot{x} = ce^{-ax} \tag{3.30}$$

kann mit $p = ce^{-ax}$ *in*

$$\dot{p} = -ap^2 \tag{3.31}$$

überführt werden.

Dies ist allerdings der Ausnahmefall, so dass sich i. Allg. die Systemdimension erhöht. Mit dem im Nachfolgenden vorgestellten Algorithmus (vgl. [SV87, PP05]) kann eine sehr große Klasse nicht-polynomialer Systeme in polynomiale Systeme überführt werden. Es können alle Vektorfelder, die aus Summen und Produkten elementarer bzw. verschachtelter elementarer Funktionen zusammengesetzt sind, transformiert werden.

Daher werden im Folgenden Systeme der Form

$$\dot{x}_i = \sum_j \alpha_j \prod_k f_{ijk}(x) \tag{3.32}$$

betrachtet, wobei $i = 1, \ldots, n$; $\alpha_j \in \mathbb{R}$ und $x = (x_1, \ldots, x_n)^T$ gilt. Die Funktionen $f_{ijk}(x)$ sind elementare bzw. verschachtelte elementare Funktionen in x.

Systeme der Form (3.32) können mit dem nachfolgenden Algorithmus transformiert werden.

Algorithmus 3.1 (Rationalen Umformung nach [SV87, PP05]).

1. Setze $z_i = x_i$ *für* $i = 1, \ldots, n$,

2. Erzeuge für jedes $f_{ijk}(x)$, *welches nicht der Form* $f_{ijk}(z) = x_l^a$ *entspricht,* *wobei $a \in \mathbb{Z}$ und $1 \leq l \leq n$, eine neue Variable z_m. Diese ist definiert durch $z_m = f_{ijk}(x)$.*

3. Berechne die zeitliche Ableitung von z_m unter Verwendung der Kettenregel.

4. Ersetze alle $f_{ijk}(x)$ in der Systembeschreibung durch z_m.

5. Wiederhole 2–4 solange, bis das System eine rationale Form besitzt.

Das Verfahren wird anhand eines einfachen Systems dargestellt.

Beispiel 3.3 (Rationale Umformung). *Das System*

$$\dot{x} = x^2 + u \tag{3.33}$$

wird nach [SJK97, Example 3.45] mit dem Regelgesetz

$$u(x) = -x^2 - x\sqrt{x^2 + 1} \tag{3.34}$$

stabilisiert. Damit ergibt sich als Gesamtsystem

$$\dot{x} = -x\sqrt{x^2 + 1}. \tag{3.35}$$

Für die Umformung wird $z_1 = x$ und $z_2 = \sqrt{x^2 + 1} = \sqrt{z_1^2 + 1}$ gewählt. Daraus ergibt sich das rein polynomiale System

$$\dot{z}_1 = -z_1 z_2$$
$$\dot{z}_2 = \frac{z_1 \dot{z}_1}{\sqrt{z_1^2 + 1}} = \frac{-z_1^2 z_2}{z_2} = -z_1^2. \tag{3.36}$$

Allerdings muss beachtet werden, dass $z_2 \geq 1$ gilt. Außerdem ergibt sich aus der Definition von z_2 die Bedingung $z_2 = \sqrt{z_1^2 + 1}$. Diese Bedingung ist in keiner polynomialen Form und kann deshalb bei den nachfolgenden Untersuchungen (SOS) nicht berücksichtigt werden. Es ist allerdings möglich, diese Bedingung in die polynomiale Darstellung

$$z_2 = \sqrt{z_1^2 + 1} \implies z_2^2 - z_1^2 - 1 = 0 \tag{3.37}$$

umzuformen. Solche polynomialen Umformungen sind gegebenenfalls möglich [PP05]. In den Anhängen A und B ist die Umformung an zwei umfangreicheren Beispielen dargestellt.

3.3 Stabilitätsanalyse des umgeformten Systems

Mit der zuvor erläuterten Prozedur kann das System

$$\dot{x} = f(x) \qquad (3.38)$$

in ein System der Form

$$\dot{z}_1 = f_1(z_1, z_2) \qquad (3.39)$$
$$\dot{z}_2 = f_2(z_1, z_2) \qquad (3.40)$$

überführt werden. Dabei ist $z_1 = (z_1, \ldots, z_n)^T = x$ ein Vektor mit den Zustandsvariablen des originalen Systems und $z_2 = (z_{n+1}, \ldots, z_{n+m})^T$ ein Vektor mit den neuen, aus dem Umformungsprozess entstandenen Variablen. Die beiden vektoriellen Funktionen f_1 und f_2 sind dabei rational.

Die direkt aus dem Umformungsprozess stammenden Bedingungen werden durch

$$z_2 = T(z_1) \qquad (3.41)$$

und die indirekt entstandenen werden durch

$$G_1(z_1, z_2) = 0 \qquad (3.42)$$
$$G_2(z_1, z_2) \geq 0 \qquad (3.43)$$

beschrieben. Dabei sind T, G_1 und G_2 Spaltenvektoren von Funktionen und die Gleichungen bzw. Ungleichungen gelten zeilenweise. Weiterhin sei der Hauptnenner von $f_1(z_1, z_2)$ und $f_2(z_1, z_2)$ als $N(z_1, z_2)$ bezeichnet. Dies bedeutet, dass mit einem polynomialen $N(z_1, z_2)$, die Funktionen Nf_1 und Nf_2 ebenfalls Polynome sind. Außerdem wird angenommen, dass $N(z_1, z_2) \geq 0, \forall (z_1, z_1) \in \mathbb{D}_1 \times \mathbb{D}_2$. Andernfalls ist das System für die nachfolgenden Untersuchungen nicht geeignet. Unter diesen Voraussetzungen kann eine hinreichende Bedingung für die Stabilität einer Ruhelage im Ursprung ($x = 0$) auf Basis des umgeformten Systems angegeben werden.

Satz 3.3 (Lyapunov-Bedingungen für das umgeformte System (vgl. [PP05, Proposition 3])). *Seien* $\mathbb{D}_1 \subseteq \mathbb{R}^n$ *und* $\mathbb{D}_2 \subseteq \mathbb{R}^m$ *offene Mengen, sodass* $0 \in \mathbb{D}_1$ *und* $f(\mathbb{D}_1) \subseteq \mathbb{D}_2$. *Weiterhin sei* $z_{2,0} = T(0)$. *Wenn eine Funktion* $\tilde{V} : \mathbb{D}_1 \times \mathbb{D}_2 \to \mathbb{R}$ *und die Spaltenvektoren von Funktionen* $\mu_1(z_1, z_2)$, $\mu_2(z_1, z_2)$, $\sigma_1(z_1, z_2)$ *sowie* $\sigma_2(z_1, z_2)$ *geeigneter*

Dimension existieren, so dass

$$\tilde{V}(0, z_{2,0}) = 0, \tag{3.44}$$

$$\tilde{V}(z_1, z_2) - \mu_1^T(z_1, z_2)G_1(z_1, z_2) - \sigma_1^T(z_1, z_2)G_2(z_1, z_2)$$

$$\geq \phi(z_1, z_2), \, \forall(z_1, z_2) \in \mathbb{D}_1 \times \mathbb{D}_2 \tag{3.45}$$

$$- N(z_1, z_2)\left(\frac{\partial V}{\partial z_1}(z_1, z_2)f_1(z_1, z_2) + \frac{\partial V}{\partial z_2}(z_1, z_2)f_2(z_1, z_2)\right) -$$

$$\mu_2^T(z_1, z_2)G_1(z_1, z_2) - \sigma_2^T(z_1, z_2)G_2(z_1, z_2) \geq 0, \, \forall(z_1, z_2) \in \mathbb{D}_1 \times \mathbb{D}_2 \tag{3.46}$$

$$\sigma_1(z_1, z_2) \geq 0, \, \forall(z_1, z_2) \in \mathbb{R}^{n \times m} \tag{3.47}$$

$$\sigma_2(z_1, z_2) \geq 0, \, \forall(z_1, z_2) \in \mathbb{R}^{n \times m} \tag{3.48}$$

für eine skalare Funktion $\phi(z_1, z_2)$ *mit* $\phi(z_1, T(z_1)) > 0$, $\forall z_1 \in \mathbb{D}_1 \setminus \{0\}$ *gilt, dann ist* $x = 0$ *eine stabile Ruhelage des originalen Systems.*

Beweis nach [PP05]. Zuerst wird dargestellt, dass die resultierende Funktion $V(x)$ positiv definit ist. Mit (3.44) und $V(x) = \tilde{V}(x, T(x))$ ergibt sich $V(0) = 0$. Weiterhin gilt mit (3.42), (3.43), (3.45) und (3.47):

$$\tilde{V}(z_1, z_2) \geq \phi(z_1, z_2) + \mu_1^T(z_1, z_2)G_1(z_1, z_2) + \sigma_1^T(z_1, z_2)G_2(z_1, z_2)$$

$$\geq \phi(z_1, z_2).$$

Aufgrund dieser Abschätzung und den Bedingungen $\phi(x, T(x)) > 0$, $\forall x \in \mathbb{D}_1 \setminus \{0\}$ und $T(\mathbb{D}_1) \subseteq \mathbb{D}_2$ ist auch $V(x) > 0$, $\forall x \in \mathbb{D}_1 \setminus \{0\}$. Somit ist $V(x)$ positiv definit.

Darüber hinaus kann mit der Kettenregel

$$\frac{\partial V}{\partial x}(x)f(x) = \frac{\partial \tilde{V}}{\partial z_1}(x, T(x))f_1(x, T(x)) + \frac{\partial \tilde{V}}{\partial z_2}(x, T(x))f_2(x, T(x)),$$

sowie den Bedingungen (3.42), (3.43), (3.46), (3.48) und $N(z_1, z_2) > 0$, mit der selben Argumentation wie zuvor, die negative Semidefinitheit von $\dot{V}(x)$ gezeigt werden. Damit ist nach Theorem 2.1 $x = 0$ eine stabile Ruhelage des originalen Systems. $\square$

In Satz 3.3 wird vorausgesetzt, dass die Mengen $\mathbb{D}_1$ und $\mathbb{D}_2$ offen sind, was mit einer Beschreibung auf Basis von Gleichungs- und Ungleichungsbedingungen zu Problemen führen kann. Allerdings ist es möglich, dass im Inneren der durch die Kleiner-Gleich-Relationen gegebenen Mengen, offene Mengen existieren. Bezüglich der Voraussetzung von offenen Mengen gab es eine Kommunikation[2] mit dem Autor des Satzes 3.3. Er bestätigt dieses Problem, weist aber darauf hin, dass ein lösbares SDP kein

---

[2]Die Korrespondenz fand am 19. Juli 2016 zwischen Herrn Martin Leutelt und dem Autor statt.

Stabilitätsbeweis ist. Stattdessen sollte auf einem traditionelleren Weg argumentiert werden. Das Problem ist nicht weiter relevant, da zukünftig der nachfolgende Satz 3.4, indem keine Offenheit mehr gefordert wird, Anwendung findet.

Um eine Lyapunov-Funktion algorithmisch mittels semidefiniter Programmierung zu bestimmen, müssen die Nichtnegativitätsbedingungen aus Satz 3.3 in geeignete SOS-Bedingungen überführt werden. Dazu wird davon ausgegangen, dass $\mathbb{D}_1 \times \mathbb{D}_2$ eine semialgebraische Menge ist und mit der Ungleichung

$$\mathbb{D}_1 \times \mathbb{D}_2 = \{(z_1, z_2) \in \mathbb{R}^n \times \mathbb{R}^m : G_D(z_1, z_2) \geq 0\} \tag{3.49}$$

beschrieben werden kann, wobei $G_D(z_1, z_2)$ ein Spaltenvektor von Polynomen ist, welche die Ungleichung zeilenweise erfüllen. Damit kann Satz 3.3 in folgende SOS-Bedingungen überführt werden:

Satz 3.4 (SOS-Lyapunov-Bedingungen für das umgeformte System (vgl. [PP05, Proposition 4])). *Es sei das System (3.39)–(3.40), sowie die Funktionen $T(z_1)$, $G_1(z_1, z_2)$, $G_2(z_1, z_2)$, $G_D(z_1, z_2)$ und $N(z_1, z_2)$ gegeben. Es sei $z_{2,0} = T(0)$. Wenn eine polynomiale Funktion $\tilde{V}(z_1, z_2)$, die Spaltenvektoren von polynomialen Funktionen $\mu_1(z_1, z_2)$, $\mu_2(z_1, z_2)$ und die Spaltenvektoren von SOS-Polynomen $\sigma_1(z_1, z_2)$, $\sigma_2(z_1, z_2)$, $\sigma_3(z_1, z_2)$ sowie $\sigma_4(z_1, z_2)$ mit geeigneter Dimension existieren, so dass*

$$\tilde{V}(0, z_{2,0}) = 0, \tag{3.50}$$

$$\tilde{V}(z_1, z_2) - \mu_1^T(z_1, z_2)G_1(z_1, z_2) - \sigma_1^T(z_1, z_2)G_2(z_1, z_2) - \sigma_3^T(z_1, z_2)G_D(z_1, z_2)$$
$$- \phi(z_1, z_2) \in \mathcal{S} \tag{3.51}$$

$$- N(z_1, z_2)(\frac{\partial \tilde{V}}{\partial z_1}(z_1, z_2)f_1(z_1, z_2) + \frac{\partial \tilde{V}}{\partial z_2}(z_1, z_2)f_2(z_1, z_2)) -$$
$$\mu_2^T(z_1, z_2)G_1(z_1, z_2) - \sigma_2^T(z_1, z_2)G_2(z_1, z_2) - \sigma_4^T(z_1, z_2)G_D(z_1, z_2) \in \mathcal{S} \tag{3.52}$$

für eine skalare polynomiale Funktion $\phi(z_1, z_2)$ mit $\phi(z_1, T(z_1)) > 0$, $\forall z_1 \in \mathbb{D}_1 \setminus \{0\}$ gilt, dann ist $x = 0$ eine stabile Ruhelage.

Der Beweis zu diesem Satz folgt den Ideen des Beweises von Satz 3.3 und wird in [PP05] angegeben.

Anmerkung 3.1. *Sowohl in Satz 3.3 als auch in Satz 3.4 wird lediglich auf Stabilität und nicht auf asymptotische Stabilität geschlossen. Dies resultiert daraus, dass die angegebenen Bedingungen nur die negative Semidefinitheit der zeitlichen Ableitung der Lyapunov-Funktion fordern. Soll stattdessen auf asymptotische Stabilität geschlossen werden, so kann in den Bedingungen (3.46) bzw. (3.52) zusätzlich eine positiv definite*

Funktion $\tilde{\phi}(z_1, z_2)$ von der linke Seite der Ungleichung abgezogen werden. Dadurch kann eine negativ semidefinite zeitliche Ableitung der Lyapunov-Funktion erzeugt werden.

Beispiel 3.4 (Stabilitätsanalyse von System (3.35)). *Für das System aus Beispiel 3.3 ergibt sich somit:*

$$\dot{z}_1 = f_1(z_1, z_2) = -z_1 z_2 \tag{3.53}$$

$$\dot{z}_2 = f_2(z_1, z_2) = -z_1^2 \tag{3.54}$$

$$z_2 = T(z_1) = \sqrt{z_1^2 + 1} \tag{3.55}$$

$$G_1(z_1, z_2) = z_1^2 - z_2^2 + 1 = 0 \tag{3.56}$$

$$G_D(z_1, z_2) = z_2 - 1 \geq 0. \tag{3.57}$$

Mit den so aufgestellten Bedingungen wird nun mit SOSTOOLS eine Lyapunov-Funktion für das System berechnet.

Als Ansatz für die Lyapunov-Funktion wird:

$$\tilde{V}(z) = q_1 z_1^2 + q_2 z_2 + q_3 \tag{3.58}$$

$$V(x) = q_1 x^2 + q_2 \sqrt{x^2 + 1} + q_3 \tag{3.59}$$

gewählt. Dabei ist ersichtlich, dass $q_2 + q_3 = 0$ ergeben muss, um Bedingung (3.50) zu erfüllen. Für die Funktion $\phi(z_1, z_2)$ wird als Ansatz $\phi(z_1, z_2) = \epsilon_1 z_1^2 + \epsilon_2(z_2 - 1)$ gewählt. Zusätzlich werden die Werte für ϵ_1 und ϵ_2 so gewählt, dass $\epsilon_1 + \epsilon_2 \geq 0.1$[3] gilt. Dies garantiert die positive Definitheit und die radiale Unbeschränktheit von $\tilde{V}$.

Das berechnete Ergebnis ist:

$$\tilde{V}(z) = 0,000073737 z_1^2 + 0,88884 z_2 - 0,88884 \tag{3.60}$$

$$V(x) = 0,000073737 x^2 + 0,88884 \sqrt{x^2 + 1} - 0,88884. \tag{3.61}$$

Entsprechend ergibt sich für $L_f V$:

$$L_f V(x) = -0.000147474 x^2 \sqrt{x^2 + 1} - 0.88884 x^2. \tag{3.62}$$

Damit wurde gezeigt, dass das System (3.35) global stabil ist. Darüber hinaus ist das System global asymptotisch stabil, da die zeitliche Ableitung (3.62) negativ definit ist, obwohl dies der Ansatz nicht explizit fordert. Um eine Bedingung für GAS zu erhalten, kann die in Anmerkung 3.1 vorgeschlagene Herangehensweise verwendet werden.

---

[3]Die Wahl einer beliebigen anderen Zahl $x > 0, x \in \mathbb{R}$ ist ebenfalls möglich.

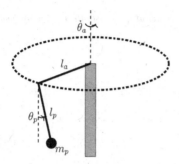

Abbildung 11 – Furuta Pendel nach [PP05]

Dieses Vorgehen wird im Folgenden an einem weiteren System gezeigt.

Beispiel 3.5 (Furuta Pendel). *Das zweite System ist das in Abbildung 11 vereinfacht dargestellte Furuta Pendel (auch TITech Pendulum genannt) [FYK92], welches ebenfalls in [PP05] untersucht wird. Für die weiteren Betrachtungen wird davon ausgegangen, dass sich der Arm mit der Länge l_a mit einer konstanten Winkelgeschwindigkeit $\dot{\theta}_a$ dreht. Damit ist $\dot{\theta}_a$ ein Parameter und das zu untersuchende System autonom. Mit dieser Annahme ergibt sich für die kinetische Energie:*

$$E_{Kin} = \frac{1}{2} m_p \dot{x}_p^T \dot{x}_p. \tag{3.63}$$

Dabei lässt sich $\dot{x}_p$ über die geometrischen Zusammenhänge in Abhängigkeit von $\dot{\theta}_a$, $\dot{\theta}_p$ und θ_p darstellen

$$\dot{x}_p = \begin{pmatrix} l_p \dot{\theta}_p \cos(\theta_p) + \dot{\theta}_a l_p \sin(\theta_p) \\ l_p \dot{\theta}_p \sin(\theta_p) \end{pmatrix}, \tag{3.64}$$

so dass sich für die kinetische Energie

$$
\begin{aligned}
E_{Kin} &= \frac{1}{2} m_p \left(l_p \dot{\theta}_p \cos(\theta_p) + \dot{\theta}_a l_p \sin(\theta_p) \right)^2 + (l_p \dot{\theta}_p \sin(\theta_p))^2 \right) \\
&= \frac{1}{2} m_p l_p^2 \left(\dot{\theta}_a^2 \sin(\theta_p)^2 + 2\dot{\theta}_a \dot{\theta}_p \cos(\theta_p) \sin(\theta_p) + \dot{\theta}_p^2 \right)
\end{aligned} \tag{3.65}
$$

ergibt. Die potentielle Energie E_{Pot} wird mit

$$E_{Pot} = -m_p g l_p \cos(\theta_p), \tag{3.66}$$

beschrieben, wobei g die Gravitationskonstante ist. Somit resultiert für die Lagrange-Funktion

$$L = E_{Kin} - E_{Pot}$$
$$= \frac{1}{2} m_p l_p^2 \left(\dot{\theta}_a^2 \sin(\theta_p)^2 + 2\dot{\theta}_a \dot{\theta}_p \cos(\theta_p) \sin(\theta_p) + \dot{\theta}_p^2 \right) - m_p g l_p \cos(\theta_p) \tag{3.67}$$

und mittels der Euler-Lagrange Gleichung

$$\frac{d}{dt} \frac{\partial L}{\partial \dot{\theta}_p} - \frac{\partial L}{\partial \theta_p} = 0 \tag{3.68}$$

wird die Bewegungsgleichung

$$\ddot{\theta}_p = -\frac{g}{l_p} \sin(\theta_p) + \dot{\theta}_a^2 \sin(\theta_p) \cos(\theta_p) - \ddot{\theta}_a \sin(\theta_p) \cos(\theta_p) \tag{3.69}$$

bestimmt. Da sich der Arm laut Vorgabe mit einer konstanten Winkelgeschwindigkeit $\dot{\theta}_a$ bewegt, ist die entsprechende Winkelbeschleunigung $\ddot{\theta}_a$ identisch Null. Mit der Wahl von $x_1 = \theta_p$ und $x_2 = \dot{\theta}_p$ ergibt sich daraus das folgende Zustandsraummodell:

$$\dot{x}_1 = x_2 \tag{3.70}$$
$$\dot{x}_2 = \dot{\theta}_a^2 \sin(x_1) \cos(x_1) - \frac{g}{l_p} \sin(x_1). \tag{3.71}$$

Aus Gleichung (3.71) ist ersichtlich, dass der Betrag von $\dot{\theta}_a^2$ entscheidenden Einfluss auf die Anzahl und die Stabilitätseigenschaften der Ruhelagen des Systems hat. Ist die Bedingung

$$\dot{\theta}_a^2 \leq \frac{g}{l_p} \tag{3.72}$$

erfüllt, so sind $(x_1, x_2) = (k\pi, 0)$ mit $k \in \mathbb{Z}$ die Ruhelagen des Systems. Dabei sind die Ruhelagen, bei denen das Pendel vertikal nach unten hängt ($x_1 = 2k\pi$), stabil und bei denen es nach oben zeigt ($x_1 = (2k - 1)\pi$), instabil.

Vergrößert sich die Geschwindigkeit $\dot{\theta}_a$ über den Wert $\sqrt{g/l_p}$, ergibt sich eine superkritische Pitchfork-Bifurkation [PP05] und es entstehen zwei andere Ruhelagen an den Stellen $\cos(x_1) = g/(l_p \dot{\theta}_a^2)$ und $x_2 = 0$.

Um eine geeignete Lyapunov-Funktion berechnen zu können, werden die neuen Zustände $z_3 = \sin(x_1)$ und $z_4 = \cos(x_1)$ eingeführt. Damit ergibt sich als polynomiali-

siertes Zustandsraummodell:

$$\dot{z}_1 = z_2 \tag{3.73}$$

$$\dot{z}_2 = \dot{\theta}_a^2 z_3 z_4 - \frac{g}{l_p} z_3 \tag{3.74}$$

$$\dot{z}_3 = z_2 z_4 \tag{3.75}$$

$$\dot{z}_4 = -z_2 z_3 \tag{3.76}$$

und

$$z_3^2 + z_4^2 - 1 = 0 \tag{3.77}$$

als algebraische Nebenbedingung. Außerdem wird aus Gründen der Übersicht der Parameter g zu 10 und die restlichen Parameter zu 1 gewählt.

Nun stellt sich die Frage, welcher Ansatz für die Lyapunov-Funktion gewählt wird. Aus dem Modell lässt sich vermuten, dass auch trigonometrische Terme notwendig sind. Daher wird

$$\tilde{V}(z) = q_1 z_2^2 + q_2 z_3^2 + q_3 z_4^2 + q_4 z_4 + q_5 \tag{3.78}$$

als Ansatz bestimmt. Aus der Bedingung (3.50) resultiert, dass

$$q_3 + q_4 + q_5 = 0 \tag{3.79}$$

gelten muss.

Mit der beschriebenen Prozedur ergibt sich als resultierende Lyapunov-Funktion:

$$\tilde{V}(z) = 0,3351 z_2^2 + 0,9497 z_3^2 + 1,285 z_4^2 - 6,702 z_4 + 5,417 \tag{3.80}$$

$$V(x) = 0,3351 x_2^2 + 0,9497 \sin^2(x_1) + 1,285 \cos^2(x_1) - 6,702 \cos(x_1) + 5,417 \tag{3.81}$$

und für die zeitliche Ableitung:

$$L_f V(x) = 0. \tag{3.82}$$

Dieses Ergebnis bestätigt die physikalische Vorstellung, da das System zwar stabil, aber nicht asymptotisch stabil ist (vgl. Abbildung 12a). Mit einem zusätzlichen Reibungsterm

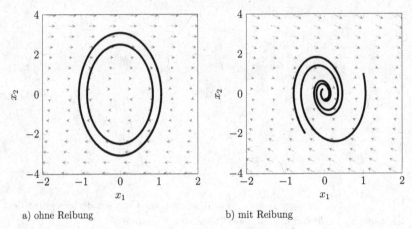

a) ohne Reibung   b) mit Reibung

Abbildung 12 – Zustandsdiagramm des Furuta Pendels

wird die asymptotische Stabilität erreicht. Damit ergibt sich

$$\dot{z}_1 = z_2 \tag{3.83}$$

$$\dot{z}_2 = \dot{\theta}_a^2 z_3 z_4 - \frac{g}{l_p} z_3 - d z_2 \tag{3.84}$$

$$\dot{z}_3 = z_2 z_4 \tag{3.85}$$

$$\dot{z}_4 = -z_2 z_3 \tag{3.86}$$

als Zustandsraummodell mit der Dämpfungskonstante d, welche ebenfalls aus Übersichtlichkeitsgründen zu 1 gewählt wird.

Den Einfluss dieser Reibung auf das dynamische Verhalten verdeutlicht Abbildung 12b. Wie zu erkennen ist, konvergieren die Trajektorien zum Koordinatenursprung, da durch die Reibung dem System kontinuierlich Energie entzogen wird.

Mit dem gleichen Vorgehen wie bei System (3.71) ergibt sich als Lyapunov-Funktion

$$\tilde{V}(z) = 0,365 z_2^2 + 1,792 z_3^2 + 2,157 z_4^2 - 7,3 z_4 + 5,143 \tag{3.87}$$

$$V(x) = 0,365 x_2^2 + 1,792 \sin^2(x_1) + 2,157 \cos^2(x_1) - 7,3 \cos(x_1) + 5,143 \tag{3.88}$$

$$= 0,365 x_2^2 + 0,365 \cos^2(x_1) - 7,3 \cos(x_1) + 6,935 \tag{3.89}$$

und damit

$$L_f V(x) = -0,73 x_2^2 \tag{3.90}$$

für die zeitliche Ableitung. Daraus lässt sich mit Satz 2.1 auf asymptotische Stabilität der Ruhelage schließen.

3.4 Eingangs-Zustands-Stabilität des umgeformten Systems

Die Bedingungen aus Anmerkung 2.1 können für polynomiale Systeme und Vergleichsfunktionen direkt in hinreichende SOS-Bedingungen überführt werden [Ich12]. Dadurch eignen sie sich für die numerische Analyse.

Die SOS-Formulierungen

$$V(x) - \underline{\alpha}(|x|) \in \mathcal{S} \tag{3.91}$$

$$\bar{\alpha}(|x|) - V(x) \in \mathcal{S} \tag{3.92}$$

$$-\frac{\partial V}{\partial x}F(x, w) - \alpha(|x|) + \gamma(|w|) \in \mathcal{S} \tag{3.93}$$

sind hinreichend zur Erfüllung der Ungleichungen (2.40) und (2.41). Die Funktionen $\underline{\alpha}, \bar{\alpha}, \alpha$ und γ müssen so gewählt werden, dass sie in den originalen Koordinaten zur Klasse K_∞ gehören. Als Ansatzfunktion wird ein gerades, univariates, reelles Polynom ohne Absolutterm gewählt:

$$\alpha^*(\rho) = \sum_{i=1}^{N} c_i \rho^{2k}. \tag{3.94}$$

Eine einfache Möglichkeit ein Klasse K_∞ Polynom der Form (3.94) zu erzeugen ist, die Koeffizienten $c_i \geq 0$ und mindestens einen Koeffizienten $c_i > 0$ zu wählen. Ein strukturierter Weg ist im nachfolgenden Satz dargestellt [Ich12]:

Satz 3.5 (Klasse K_∞ Polynom). *Ein Polynom der Form (3.94) gehört zur Klasse K_∞ genau dann, wenn die Skalare $c_1, c_2, \ldots c_N$ existieren, so dass*

$$\rho\frac{d\alpha^*(\rho)}{d\rho} \geq 0, \forall \rho \in \mathbb{R} \tag{3.95}$$

und mindestens ein $c_i \neq 0$ gilt.

Die in Satz 3.5 formulierte Bedingung entspricht wieder einer SOS-Formulierung und kann dementsprechend mit *SOSTOOLS* bestimmt werden. Der Beweis wird in [Ich12] geführt. Die Formulierung (3.95) scheint untypisch, da Funktionen der Klasse K nur für nicht-negative Argumente definiert sind. Allerdings muss eine Funktion, die in Quadratsummen zerlegt werden kann, auch für negative Argumente positiv sein. Da (3.94) ein gerades Polynom darstellt, ist die Ableitung $\frac{d\alpha^*(\rho)}{d\rho} \leq 0$ für $\rho \leq 0$ und somit $\rho\frac{d\alpha^*(\rho)}{d\rho} \geq 0$, $\forall \rho \in \mathbb{R}$.

Im nicht-polynomialen Fall sind einige Anpassungen notwendig. Im folgenden werden Systeme $\dot{x} = F(x, w)$ betrachtet bei denen der Eingang w polynomial in die Systembeschreibung eingeht und somit weiterhin $z_1 = x$ und $z_2 = T(x)$ gilt. Als umgeformtes System ergibt sich:

$$\dot{z}_1 = F_1(z_1, z_2, w) \tag{3.96}$$

$$\dot{z}_2 = F_2(z_1, z_2, w). \tag{3.97}$$

Mit diesem Ansatz resultiert für ρ in den transformierten Koordinaten $\rho(z_1, z_2) = |(z_1, z_2)^T|$. Die Funktion $\alpha^*(\rho)$ mit $\rho(x, T(x)) = |(x, T(x))^T|$ gehört in den Original-koordinaten x dabei im Allgemeinen nicht zur Klasse K_∞. Die erste Bedingung, die sichergestellt werden muss ist, dass bei $x = 0$ ebenfalls $\alpha = 0$ gilt. Dies wird über den Ansatz

$$\tilde{\alpha}(z) = \alpha^*(z_1, z_2) - \alpha^*(0, z_{2,0}) \tag{3.98}$$

$$\alpha(x) = \tilde{\alpha}(z)|_{z_1=x, z_2=T(x)} \tag{3.99}$$

realisiert. Damit ist allerdings noch nicht sichergestellt, dass es sich dabei um eine K_∞ Funktion in $|x|$, wie in den Bedingungen (3.91)–(3.93) gefordert, handelt.

Der beschriebene Ansatz garantiert zwar ebenfalls die Monotonie und radiale Unbe-schränktheit in $|(x, T(x))^T|$, aber nicht in $|x|$. Dazu müssen die von $T(x)$ abhängigen Terme entsprechend durch Terme von $|x|$ nach unten bzw. nach oben abgeschätzt werden.

Daraus folgt für Bedingung (3.91), dass mit $V(x) - \underline{\alpha}(x, T(x)) \geq 0$ und dem An-satz (3.94), $V(x) - \underline{\alpha}(x, 0) = V(x) - \underline{\alpha}(|x|) \geq 0$ gilt. Dabei wurde ρ durch $|(x, T(x))^T|$ substituiert.

Denn aus $|(x, T(x))^T| = \sqrt{|x|^2 + |T(x)|^2}$ folgt, dass $\underline{\alpha}(x, 0) = \underline{\alpha}(|x|)$ und da $\underline{\alpha}(x, 0) \leq \underline{\alpha}(x, T(x))$ ist ebenfalls die Bedingung (3.91) erfüllt. Die gleiche Argu-mentation kann für $\alpha(|x|)$ aus Bedingung (3.93) geführt werden, da diese ebenfalls nach unten abgeschätzt werden muss. Für die Funktion $\bar{\alpha}$ ist die Situation etwas schwieriger, denn diese muss nach oben abgeschätzt werden. Diese Abschätzung lässt sich nicht verallgemeinern. Sie sollte aber bei den üblich auftretenden Nicht-Polynomialitäten kein Problem darstellen (vgl. Tabelle 4). Mit den Abschätzungen aus Tabelle 4 und dem Ansatz (3.98) wird sowohl die Monotonie der Abschätzung als

Tabelle 4 – Häufig auftretende Nichtlinearitäten und deren Abschätzung nach oben

$\lvert T(x)\rvert$	Abschätzung nach oben in $\lvert x\rvert$
$\lvert e^{x_i}\rvert$	$e^{\lvert x\rvert}$
$\lvert\cos(x_i)\rvert$	1
$\lvert\sin(x_i)\rvert$	$\lvert x\rvert$
$\lvert\sqrt{x_i+c}\rvert$	$\sqrt{\lvert x\rvert+c}$

auch die Bedingung erfüllt, dass für $x = 0$ die Abschätzung ebenfalls 0 ist.

Die bisherigen Ergebnisse können im weiteren Verlauf verwendet werden, um die Eingangs-Zustands-Stabilität des Systems (2.35) zu bestimmen.

Theorem 3.1 (Eingangs-Zustands-Stabilität für das umgeformte System). *Es sei das System* (3.96)–(3.97) *sowie die Funktionen* $T(z_1)$, $G_1(z_1, z_2)$, $G_2(z_1, z_2)$, $G_D(z_1, z_2)$ *und* $N(z_1, z_2)$ *gegeben. Wenn eine polynomiale Funktion* $\tilde{V}(z_1, z_2)$, *die Spaltenvektoren von polynomialen Funktionen* $\mu_1(z_1, z_2)$, $\mu_2(z_1, z_2)$ *und die Spaltenvektoren von SOS-Polynomen* $\sigma_1(z_1, z_2)$, $\sigma_2(z_1, z_2)$, $\sigma_3(z_1, z_2)$ *und* $\sigma_4(z_1, z_2)$ *mit geeigneter Dimension existieren, so dass*

$$\tilde{V}(z_1, z_2) - \mu_1^T(z_1, z_2)G_1(z_1, z_2) - \sigma_1^T(z_1, z_2)G_2(z_1, z_2) - \sigma_3^T(z_1, z_2)G_D(z_1, z_2)$$
$$- \tilde{\alpha}(z_1, z_2) \in \mathcal{S} \tag{3.100}$$

$$\tilde{\bar{\alpha}}(z_1, z_2) - \tilde{V}(z_1, z_2) + \mu_1^T(z_1, z_2)G_1(z_1, z_2) + \sigma_1^T(z_1, z_2)G_2(z_1, z_2)$$
$$+ \sigma_3^T(z_1, z_2)G_D(z_1, z_2) \in \mathcal{S} \tag{3.101}$$

$$- N(z_1, z_2)(\frac{\partial \tilde{V}}{\partial z_1}(z_1, z_2)F_1(z_1, z_2, w) + \frac{\partial \tilde{V}}{\partial z_2}(z_1, z_2)F_2(z_1, z_2, w)) -$$
$$\mu_2^T(z_1, z_2)G_1(z_1, z_2) - \sigma_2^T(z_1, z_2)G_2(z_1, z_2) - \sigma_4^T(z_1, z_2)G_D(z_1, z_2)$$
$$- \tilde{\alpha}(z_1, z_2) + \gamma(w) \in \mathcal{S} \tag{3.102}$$

für

$$\tilde{\xi} = \xi^* - \xi^*(0, z_{2,0}), \forall \tilde{\xi} \in \{\tilde{\bar{\alpha}}, \tilde{\underline{\alpha}}, \tilde{\alpha}\}, \tag{3.103}$$

sowie den Klasse K_∞ *Funktionen* $\bar{\alpha}^*, \underline{\alpha}^*$ *und* α^* *gilt, dann ist das originale System eingangs-zustands-stabil, wenn eine entsprechende Abschätzungen nach oben für* $\bar{\alpha}$ *existiert.*

Beweis. Es sei $V(x) = \tilde{V}(x, T(x))$ und $\xi = \tilde{\xi}(x, T(x)), \forall \xi \in \{\bar{\alpha}, \underline{\alpha}, \alpha\}$. Mit (3.42)–

(3.43), (3.49) und der SOS-Eigenschaft von $\sigma_1 \ldots \sigma_4$ kann Gleichung (3.100) zu

$$\tilde{V}(z_1, z_2) \geq \mu_1^T(z_1, z_2)G_1(z_1, z_2) + \sigma_1^T(z_1, z_2)G_2(z_1, z_2) + \sigma_3^T(z_1, z_2)G_D(z_1, z_2)$$

$$+ \underline{\tilde{\alpha}}(z_1, z_2) \tag{3.104}$$

$$\geq \underline{\tilde{\alpha}}(z_1, z_2) \tag{3.105}$$

$$\geq \underline{\tilde{\alpha}}(z_1, 0) \tag{3.106}$$

umgeformt werden. Da $\underline{\alpha}(x) = \underline{\tilde{\alpha}}(x, 0) \leq \underline{\tilde{\alpha}}(x, T(x))$ zur Klasse K_∞ gehört, ist (3.91) erfüllt. Mittels der gleichen Argumentation kann geschlossen werden, dass (3.101) Gleichung (3.92) genügt. Auf diesem Weg kann ebenfalls gezeigt werden, dass mit (3.42)–(3.43), (3.49), der SOS-Eigenschaft von $\sigma_1 \ldots \sigma_4$, dem Umstand, dass $N(z_1, z_2) > 0$ vorausgesetzt wird und der Kettenregel

$$\frac{\partial V}{\partial x}(x)F(x, w) = \frac{\partial \tilde{V}}{\partial z_1}(x, T(x))F_1(x, T(x), w) + \frac{\partial \tilde{V}}{\partial z_2}(x, T(x))F_2(x, T(x), w)$$

aus (3.102) die Bedingung (3.93) folgt. Da somit (3.91)–(3.93) erfüllt sind, ist das originale System ISS. $\qquad\square$

Mit diesen Ergebnissen wird nun das System aus Beispiel 3.3 betrachtet.

Beispiel 3.6 (Beispiel ISS). *Dazu wird das System* (3.35) *um einen Störungseingang* w *erweitert:*

$$\dot{x} = -x\sqrt{x^2 + 1} + w. \tag{3.107}$$

Damit ergibt sich als umgeformtes System:

$$\dot{z}_1 = -z_1 z_2 + w \tag{3.108}$$

$$\dot{z}_2 = \frac{z_1 \dot{z}_1}{\sqrt{z_1^2 + 1}} = \frac{-z_1(z_1 z_2 + w)}{z_2}. \tag{3.109}$$

Der Hauptnenner $N(z_1, z_2) = z_2$ *ist stets größer als Null, so dass Theorem 3.1 anwendbar ist. Für die Lyapunov- und die Vergleichsfunktionen werden folgende*

Ansätze gewählt:

$$\tilde{V}(z) = q_1 z_1^2 + q_2 z_2^2 + q_3 z_2 + q_4, \tag{3.110}$$

$$\underline{\tilde{\alpha}}(z) = p(|z|^2 - 1), \tag{3.111}$$

$$\bar{\tilde{\alpha}}(z) = r_1(|z|^2 - \mathbf{P}) + r_2(|z|^4 - 1), \tag{3.112}$$

$$\tilde{\alpha}(z) = d(|z|^2 - 1), \tag{3.113}$$

$$\gamma(w) = cw^2. \tag{3.114}$$

Dabei ergeben sich folgende Resultate:

$$\tilde{V}(z) = -0,0204 z_1^2 + 0,2439 z_2^2 + 0,2439 z_2 - 0,4877 \tag{3.115}$$

$$V(x) = 0,2235 x^2 + 0,2439\sqrt{(x^2 + 1)} - 0,2439 \tag{3.116}$$

$$\dot{V}(x,w) = 0,4470 wx - 0,4469 x^2 \sqrt{x^2 + 1} - 0,2439 x^2 + \frac{0,2439 wx}{\sqrt{x^2 + 1}} \tag{3.117}$$

$$\underline{\alpha}(x) = 0,1364 x^2 \tag{3.118}$$

$$\bar{\alpha}(x) = 0,8894 x^4 + 0,4684 x^2 \tag{3.119}$$

$$\alpha(x) = 0,0979 x^2 \tag{3.120}$$

$$\gamma(w) = 0,5951 w^2. \tag{3.121}$$

In diesem Fall müssen keine Abschätzungen für die Vergleichsfunktionen getroffen werden.

Zum Test der Eingangs-Zustands-Stabilität müssen (2.40) und (2.41) erfüllt sein. Dies impliziert, dass

$$V(x) - \underline{\alpha}(x) \geq 0 \tag{3.122}$$

$$0,2235 x^2 + 0,2439\sqrt{(x^2 + 1)} - 0,2439 - 0,1364 x^2 \geq 0 \tag{3.123}$$

$$0,0871 x^2 + 0,2439(\sqrt{(x^2 + 1)} - 1) \geq 0 \tag{3.124}$$

gilt. Dies ist erfüllt. Weiterhin muss

$$\bar{\alpha} - V(x) \geq 0 \tag{3.125}$$

$$0,8894 x^4 + 0,4684 x^2 - 0,2235 x^2 - 0,2439\sqrt{(x^2 + 1)} + 0,2439 \geq 0 \tag{3.126}$$

$$0,8894 x^4 + 0,2449 x^2 - 0,2439\sqrt{(x^2 + 1)} + 0,2439 \geq 0 \tag{3.127}$$

$$0,8894 x^4 + 0,001 x^2 + 0,2439(x^2 + 1 - \sqrt{(x^2 + 1)}) \geq 0 \tag{3.128}$$

gelten. Dies ist wiederum erfüllt, da $(x^2 + 1) \geq 1$ und damit $(x^2 + 1) \geq \sqrt{(x^2 + 1)}$ gilt.

Als letzte Bedingung für ISS ist zu prüfen, dass $\gamma(|w|) - \dot{V}(x,w) - \alpha(|x|) \geq 0$ *erfüllt ist. Es ergibt sich:*

$$\dot{V}(x,w) = 0,4470wx - 0,4469x^2\sqrt{x^2+1} - 0,2439x^2 + \frac{0,2439wx}{\sqrt{x^2+1}} \qquad (3.129)$$

$$\leq 0,2235w^2 - 0,4469x^2\sqrt{x^2+1} - 0,0204x^2 + 0,1220\frac{w^2+x^2}{\sqrt{x^2+1}} \qquad (3.130)$$

$$\leq 0,3455w^2 + 0,2235x^2 - 0,4469x^2\sqrt{x^2+1} - 0,1219x^2 \qquad (3.131)$$

$$\leq 0,3455w^2 - 0,3453x^2\sqrt{x^2+1} \leq \underbrace{0,5951w^2 - 0,0979x^2}_{\gamma(w)-\alpha(x)}. \qquad (3.132)$$

Daher gilt auch die Ungleichung (2.41). Somit sind alle Bedingungen erfüllt und das System ist ISS. Außerdem wird damit gezeigt, dass die Ergebnisse der MATLAB Prozedur zur Analyse verwendbare Resultate erzeugt.

Nachdem das System (3.107) auf Eingangs-Zustands-Stabilität überprüft wurde, ist es naheliegend, auch das in Beispiel 3.5 eingeführte System zu analysieren. Dazu muss für das Furuta-Pendel eine Annahme für die Störung getroffen werden. Es ist sinnvoll, dass die Geschwindigkeit $\dot{\theta}_a$ als störungsbehaftet angesehen wird. Mit dem in Beispiel 3.5 definierten Ansatz für die Lyapunov-Funktion können die Bedingungen (3.100) und (3.102) nicht erfüllt werden, da diese keinen expliziten Term mit z_1 bzw. x_1 besitzt. Wird der Ansatz der Lyapunov-Funktion um einen Term mit z_1^2 bzw. x_1^2 erweitert, so dass sich ein geeigneter Ansatz für die Vergleichsfunktionen finden lässt, ergibt sich ein Term mit z_1 bzw. x_1 in $\dot{V}$. Dieser wird nicht durch die Systembeschreibung so kompensiert oder erweitert, dass sich eine negative Definitheit ergeben kann. Es ist daher auf diesem Weg nicht möglich, die Eingangs-Zustands-Stabilität des Systems mit Theorem 3.1 nachzuweisen.

3.5 Inkrementelle Eingangs-Zustands-Stabilität des umgeformten Systems

Mit den im vorherigen Abschnitt erläuterten Zusammenhängen können für polynomiale Systeme der Form (2.35) die Bedingungen aus Definition 2.14 ebenfalls in hinreichende

SOS-Bedingungen umformuliert werden:

$$V(x, \hat{x}) - \underline{\alpha}(|x - \hat{x}|) \in \mathcal{S} \tag{3.133}$$

$$\bar{\alpha}(|x - \hat{x}|) - V(x, \hat{x}) \in \mathcal{S} \tag{3.134}$$

$$-\frac{\partial V}{\partial x} F(x, u) - \frac{\partial V}{\partial \hat{x}} F(\hat{x}, \hat{u}) - \alpha(|x - \hat{x}|) + \gamma(|u - \hat{u}|) \in \mathcal{S}. \tag{3.135}$$

Die Anwendung der Gleichungen (3.133) – (3.135) wird am nachfolgendem Beispielsystem gezeigt.

Beispiel 3.7 (Nichtlineares Behältersystem). *Für das System aus Abbildung 13 seien die Füllhöhen (h_1, h_2) die zu betrachtenden Zustände. Für die Veränderung dieser Zustände ist die Differenz aus Zu- und Abfluss, welche jeweils über die entsprechenden Volumenströme beschrieben werden, maßgeblich. Hier wird davon ausgegangen, dass die Stellgrößen (u_1, u_2) jeweils die zufließenden Volumenströme sind. Für den linken Tank ergibt sich somit*

$$\dot{V}_1 = \dot{h}_1 A_1 = u_1 - Q_{12}, \tag{3.136}$$

wobei Q_{12} den abfließenden Volumenstrom vom linken zum rechten Tank beschreibt. Diese Abflussrate kann als das Produkt

$$Q_{12} = A_V v_{12}, \tag{3.137}$$

mit der Querschnittsfläche A_V und der Abflussgeschwindigkeit v_{12} des Zwischenstückes beschrieben werden. Die Geschwindigkeit v_{12} wird nach dem Gesetz von Torricelli [Fab95] über die Höhendifferenz der beiden Tanks berechnet. Mit

$$v_{12} = \sqrt{2g(h_1 - h_2)} \tag{3.138}$$

resultiert für den linken Tank:

$$\dot{h}_1 = \frac{1}{A_1} \left(u_1 - A_V \sqrt{2g(h_1 - h_2)} \right). \tag{3.139}$$

Für den rechten Tank ergibt sich als Volumenstromdifferenz:

$$\dot{V}_2 = \dot{h}_2 A_2 = u_2 + Q_{12} - Q_{ab}. \tag{3.140}$$

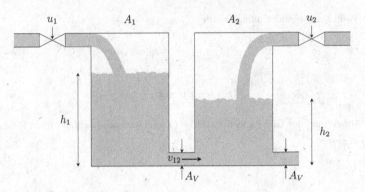

Abbildung 13 – Behältersystem

Durch Umstellen und das Gesetz von Torricelli kann das Gesamtsystem

$$\dot{x} = \begin{bmatrix} \frac{1}{A_1}\left(u_1 - A_V\sqrt{2g(x_1 - x_2)}\right) \\ \frac{1}{A_2}\left(u_2 + A_V\sqrt{2g(x_1 - x_2)} - A_V\sqrt{2gx_2}\right) \end{bmatrix} \tag{3.141}$$

bestimmt werden. Die in Modell (3.141) enthaltenen Wurzelfunktionen verhindern die Verwendung von SOS-Methoden. Um die Ausführungen übersichtlich zu halten, wird auf eine Polynomialisierung verzichtet und die Terme durch Taylorreihenentwicklung approximiert. Dennoch ist, wie nachfolgend dargestellt, auch für die Analyse der inkrementellen ISS die polynomiale Umformung möglich. Für die weiteren Betrachtungen wird $g = 9{,}81\,\mathrm{m\,s^{-2}}$, $A_v = 0{,}03\,\mathrm{m^2}$ und $A_1 = A_2 = 3\,\mathrm{m^2}$ gewählt.

In Abbildung 14 sind die Verläufe der Approximationen unterschiedlicher Ordnung an der Entwicklungsstelle 0,5 m dargestellt. Die Reihenentwicklung dritter Ordnung nähert die Wurzelfunktion ausreichend und eignet sich aufgrund der begrenzten Komplexität des Ausdruckes auch für die Behandlung mit SOSTOOLS. Daraus resultiert:

$$\sqrt{2g(\Delta x)} \approx \sqrt{g}A_V + \sqrt{q}A_V(\Delta x - 0{,}5) - \frac{\sqrt{g}}{2}A_V(\Delta x - 0{,}5)^2 + \frac{\sqrt{g}}{2}A_V(\Delta x - 0{,}5)^3,$$
$$\tag{3.142}$$

$$\sqrt{2g(x_2)} \approx \sqrt{g}A_V + \sqrt{q}A_V(x_2 - 0{,}5) - \frac{\sqrt{g}}{2}A_V(x_2 - 0{,}5)^2 + \frac{\sqrt{g}}{2}A_V(x_2 - 0{,}5)^3.$$
$$\tag{3.143}$$

Werden für die Lyapunov- und Vergleichsfunktionen alle Monome bis zur Ordnung 2

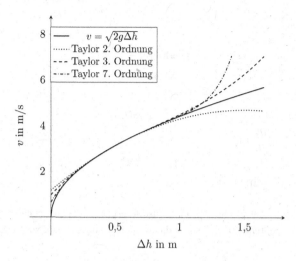

Abbildung 14 – Approximierte Durchflussgeschwindigkeit mit Taylorpolynomen zweiten, dritten und siebenten Grades

angesetzt, ist das Problem (3.133)–(3.135) *nicht lösbar. Werden allerdings die Ansätze*

$$V(x, \hat{x}) = q|x - \hat{x}|^4 \tag{3.144}$$

$$\underline{\alpha}(|x - \hat{x}|) = p|x - \hat{x}|^4 \tag{3.145}$$

$$\bar{\alpha}(|x - \hat{x}|) = r|x - \hat{x}|^4 \tag{3.146}$$

$$\alpha(|x - \hat{x}|) = d|x - \hat{x}|^4 \tag{3.147}$$

$$\gamma(|u - \hat{u}|) = c|u - \hat{u}|^2, \tag{3.148}$$

verwendet, so ergeben sich als Lösung des SOS-Problems die Koeffizienten $q = 0,0136, p = 0,006801, r = 0,3129, d = 0,0003413$ *und* $c = 5,17$.

Den Überlegungen aus Abschnitt 3.4 folgend, kann die Bestimmung der δISS-Eigenschaft auf nicht-polynomiale Systeme erweitert werden. Dies führt zu den

Bedingungen:

$$\tilde{V}(z,\hat{z}) - \mu_1^T(z)G_1(z) - \sigma_1^T(z)G_2(z) - \sigma_2^T(z)G_D(z)$$
$$- \mu_2^T(\hat{z})G_1(\hat{z}) - \sigma_3^T(\hat{z})G_2(\hat{z}) - \sigma_4^T(\hat{z})G_D(\hat{z}) - \underline{\alpha}(|z-\hat{z}|) \in \mathcal{S} \qquad (3.149)$$

$$\bar{\alpha}(|z-\hat{z}|) - \tilde{V}(z,\hat{z}) + \mu_1^T(z)G_1(z) + \sigma_1^T(z)G_2(z) + \sigma_2^T(z)G_D(z)$$
$$+ \mu_2^T(\hat{z})G_1(\hat{z}) + \sigma_3^T(\hat{z})G_2(\hat{z}) + \sigma_4^T(\hat{z})G_D(\hat{z}) \in \mathcal{S} \qquad (3.150)$$

$$- N(z)\frac{\partial \tilde{V}}{\partial z}F(z,u) - N(\hat{z})\frac{\partial \tilde{V}}{\partial \hat{z}}F(\hat{z},\hat{u}) - \mu_2^T(z)G_1(z) - \sigma_5^T(z)G_2(z)$$
$$- \sigma_6^T(z)G_D(z) - \mu_4^T(\hat{z})G_1(\hat{z}) - \sigma_7^T(\hat{z})G_2(\hat{z}) - \sigma_8^T(\hat{z})G_D(\hat{z})$$
$$- \alpha(|z-\hat{z}|) + \gamma(|u-\hat{u}|) \in \mathcal{S}, \qquad (3.151)$$

mit $z = (z_1, z_2)^T$ und $\hat{z} = (\hat{z}_1, \hat{z}_2)^T$. Die Zustände $z_1, z_2, \hat{z}_1, \hat{z}_2$ bezeichnen die Zustände des originalen Systems $(z_1, \hat{z}_1)$, sowie die aus dem Umformungsprozess entstehenden $(z_2, \hat{z}_2)$.

Die in diesem Kapitel beschriebenen bzw. entwickelten Methoden umgehen die problematische Definitheitsprüfung, indem stattdessen die Aufgabe durch Quadratsummenzerlegung gelöst wird. Eine direktere Herangehensweise findet sich im nachfolgenden Kapitel. Diese ist allerdings mit einem entsprechend höheren Rechenaufwand verbunden.

4 Stabilitätsuntersuchung mit Quantorenelimination

Im vorangegangenen Kapitel wurden nichtlineare Systeme numerisch mit SOS-Programmierung untersucht. Um die mit numerischen Methoden einhergehenden Nachteile, wie Rundungs- oder Verfahrensfehlereffekte zu umgehen, wird in diesem Kapitel dargestellt, wie *Quantorenelimination* (kurz: QE) verwendet werden kann, um nichtlineare Systeme zu analysieren. Die Quantorenelimination nutzt algebraische Verfahren, durch die exakte Aussagen entstehen.

Der Begriff Quantorenelimination fasst Methoden zusammen, die quantorenbehaftete Ausdrücke in ein quantorenfreies Äquivalent umformen. Diese Methodik wurde bereits zu Analyse von Systemen [LS93, Jir97, NMMK03, SXXZ09, VTRB17] und zum Reglerentwurf [Dor98, DFAY99, RVF18, RVFF18] verwendet. Dabei standen in den bisherigen Forschungsarbeiten im Wesentlichen lineare Systeme im Vordergrund.

Im Folgenden werden QE-Algorithmen eingesetzt, um mit Hilfe der eingeführten Lyapunov-Bedingungen Stabilität und insbesondere Eingangs-Zustands-Stabilität nachzuweisen. Dabei können im Gegensatz zu SOS auch Systeme mit Unbekannten bzw. Entwurfsparametern untersucht werden. Die sich ergebenden quantorenfreien Ausdrücke stellen Bedingungen an diese Parameter dar. Diese Bedingungen können als Grenzen im Parameterraum interpretiert werden, welche ihn in Teilmengen zerlegen. Jede dieser Teilmengen enthält nur Parameterkombinationen, die entweder ein resultierendes System mit der jeweiligen Eigenschaft ergeben oder entsprechend nicht. Bevor die notwendigen Definitionen und Konzepte dargestellt und QE-Methoden auf Stabilitätsprobleme angewendet werden, wird die Grundidee am Beispiel der quadratischen Funktion $f(x) = ax^2 + bx + c$ vorgestellt. Beispielsweise können die Parameterkonstellationen $\{a, b, c\}$ gesucht werden, für welche die Funktion f positiv für alle Werte von x ist. Diese Fragestellung kann mit dem Ausdruck $\forall x : f(x) > 0$ dargestellt werden. Als Bedingung in den Parametern $\{a, b, c\}$ ergibt sich $(b = 0 \lor 4ac - b^2 \neq 0) \land c > 0 \land -4ac + b^2 \leq 0$. Diese ist äquivalent zu dem vorherigen Ausdruck $\forall x : f(x) > 0$, d. h. die Funktion ist genau dann positiv für alle Werte x, wenn die genannte Bedingung erfüllt ist. Dieses Konzept wird nun im Folgenden verwendet, um Parameter von Funktionen oder Systemen so zu bestimmen, dass gewisse Stabilitätseigenschaften, wie z. B. asymptotische Stabilität oder ISS, erfüllt sind. Diese Parameter können Entwurfsparameter, bspw. Reglerparameter oder Unbekannte sein.

© Springer Fachmedien Wiesbaden GmbH, ein Teil von Springer Nature 2019
R. Voßwinkel, *Systematische Analyse und Entwurf von Regelungseinrichtungen auf Basis von Lyapunov's direkter Methode*, https://doi.org/10.1007/978-3-658-28061-1_4

4.1 Quantorenelimination auf reell-abgeschlossenen Zahlenkörpern

Bevor gezeigt wird wie die jeweiligen Stabilitätseigenschaften mit QE bestimmt werden können, erfolgt die Definition der notwendigen aussagenlogischen Grundbegriffe.

Definition 4.1 (Atomare Aussage). *Eine atomare Aussage (auch einfache Aussage, unzusammengesetzte Aussage, elementare Aussage, Elementaraussage oder Elementarsatz) ist ein Ausdruck der Form*

$$\varphi(v_1, \cdots, v_k) \, \tau \, 0 \tag{4.1}$$

mit $\tau \in \{>, =\}$ *und* $\varphi \in \mathbb{Q}[v_1, \cdots, v_k]$, *wobei* $\mathbb{Q}[v_1, \cdots, v_k]$ *die Menge der Polynome in den Variablen* $v_1, \ldots, v_k$ *mit rationalen Koeffizienten ist.*

Definition 4.2 (Quantorenfreie Aussagen). *Eine Aussage wird als quantorenfrei bezeichnet, wenn sie eine aussagenlogische Kombination von atomaren Aussagen mit den Booleschen Operatoren* $\vee, \wedge, \neg, \implies$ *und* $\iff$ *ist.*

Durch eine Kombination der in Definition 4.2 angeführten Booleschen Operatoren können auch andere Vergleichsrelationen, wie $\leq, \geq, <, >$ und $\neq$, realisiert werden.

Definition 4.3 (Pränexe Normalform). *Eine Aussage in pränexer Normalform in den Variablen* $V = (v_1, \cdots, v_k)$ *und* $U = (u_1, \cdots, u_l)$ *hat die Form*

$$PF(V, U) := (\mathcal{Q}_1 u_1) \cdots (\mathcal{Q}_l u_l) \, D(V, U), \tag{4.2}$$

wobei $\mathcal{Q}_i \in \{\exists, \forall\}$ *gilt und* $D(V, U)$ *eine quantorenfreie Aussage ist.*

Die Variablen U, an die ein Quantor gebunden ist, werden *quantifiziert* und andernfalls (also die Variablen V) *frei* genannt.

In der ersten Hälfte des 20. Jahrhunderts hat A. Tarski bewiesen, dass auf dem reellen Zahlenkörper zu jeder Aussage in pränexer Normalform ein quantorenfreies Äquivalent existiert [Tar48]. Dies wird im folgenden Theorem beschrieben.

Theorem 4.1 (Quantorenelimination über den reell abgeschlossenen Zahlenkörper). *Für jede pränexe Aussage* $PF(V, U)$ *in reell abgeschlossenen Körpern, existiert stets eine quantorenfreie Aussage* $H(V)$, *so dass für jedes* $U \in \mathbb{R}^l$, $H(V)$ *erfüllt ist, genau dann, wenn* $PF(V, U)$ *erfüllt ist.*

Obwohl dieses Ergebnis erst 1948 veröffentlicht wurde, kann es bis in das Jahr 1930 [CJ12] zurückverfolgt werden.

Die Quantorenelimination über den reell abgeschlossenen Zahlenkörper wurde bereits auf unterschiedlichen Wegen bewiesen, beispielsweise von Cohen [Coh69], Hörmander [Hör83] und insbesondere von Seidenberg [Sei54]. Grundlage für Theorem 4.1 ist daher das ebenfalls nach Seidenberg benannte *Tarski-Seidenberg Theorem*, welches garantiert, dass eine semialgebraische Menge im (n+1)-dimensionalen Raum stets auf eine semialgebraische Menge im n-dimensionalen Raum projiziert werden kann [BPR06]. Tarski stellte ebenfalls den ersten Algorithmus zur Quantorenelimination vor. Dieser ist allerdings nicht praktisch anwendbar, da seine Komplexität durch keinen Potenzturm beschränkt werden kann. Seither wurden andere Strategien und Lösungsmethodiken entwickelt. Die erste für nicht triviale Probleme anwendbare Prozedur ist die *zylindrische algebraische (Zellen-) Zerlegung* (engl. cylindrical algebraic decomposition, kurz: CAD). Diese Zerlegung wurde 1973 von Collins [Col74] vorgestellt. Eine CAD unterteilt den jeweiligen Raum anhand einer Menge von Polynomen in zusammenhängende semialgebraische Mengen, welche *Zellen* genannt werden. Das Vorzeichen eines jeden dieser Polynome ist konstant in jeder Zelle. Nach der Bestimmung der Zellen werden diese sukzessive von $\mathbb{R}^n$ auf $\mathbb{R}^{n-k}$, mit $1 \leq k < n$ projiziert. Die Projektoren Π_k sind *zylindrisch*. Dies bedeutet, dass die Projektionen von zwei Zellen a und b entweder identisch ($\Pi_k(a) = \Pi_k(b)$) oder disjungiert ($\Pi_k(a) \cap \Pi_k(b) = \varnothing$) sind. Weiterhin sind die Projektionen *algebraisch*, da jede ihrer Komponenten eine semialgebraische Menge darstellt. Diese zellenbasierte Beschreibung kann als Baumstruktur dargestellt werden, auf deren Basis eine semialgebraische Menge äquivalent zur ursprünglichen Menge von Polynomen angegeben werden kann. Dieser Ansatz ist zwar rechentechnisch wesentlich effizienter als der von Tarski, allerdings kann der Rechenaufwand im schlimmsten Falle doppelt exponentiell, bezogen auf die Anzahl der beteiligten Variablen, anwachsen [DH88].

Praktische Berechnungen erfolgen im Allgemeinen mit verbesserten algorithmischen Verfahren [AH00, Hon93, GVLRR89, Wei88, LW93, Wei94, IYAY13, YHZ96]. Dabei sind insbesondere die *virtuelle Substitution* [Wei88, LW93, Wei94] und die auf der Klassifikation reeller Nullstellen (engl. *real root classification*, kurz: RRC) der Polynome basierende Ansätze [GVLRR89, AH00, IYAY13, YHZ96, YHX01] zu nennen.

Bei der virtuellen Substitution wird das Problem $\exists v : D(U, V)$ mit einem formelmäßigen Äquivalent zur Variablensubstitution gelöst. Dabei wird v mit Termen einer sogenannten *Eliminationsmenge* substituiert. Dieser Zugang ist aktuell einzig für lineare [Wei88], quadratische [LW93] und kubische [Wei94] Polynome anwendbar. Die sich dabei ergebende Komplexität wächst allerdings weiterhin exponentiell in der Anzahl der quantifizierten Variablen. Darüber hinaus sind die dabei resultierenden Bedingungen im Allgemeinen sehr umfangreich und redundant, so dass eine nachgelagerte

Vereinfachung sinnvoll und notwendig ist. Die formelle Beschränkung auf Existenzquantoren ist unproblematisch, da mittels der Bedingung $\forall v D(U, V) \iff \neg(\exists v \neg D(U, V))$ auch Allquantoren betrachtet werden können.

Eine dritte häufig verwendete Methodik basiert auf der Bestimmung der Anzahl reeller Nullstellen in einem gegebenen Intervall. Dies kann mit *Sturmschen Ketten* oder *Sturm-Habicht-Ketten* erfolgen. Darauf aufbauend können Formulierungen entwickelt werden, die eine Quantorenelimination ermöglichen [GVLRR89, YHZ96, IYAY13]. Wie bei der virtuellen Substitution entstehen auch bei diesen Methoden sehr umfangreiche und redundante Ausdrücke, so dass es einer zusätzlichen Vereinfachung bedarf. Dennoch lassen sich auf diesem Wege sehr effektive Algorithmen entwickeln, insbesondere für Vorzeichen definite Bedingungen (engl. *sign definite conditions*, kurz: SDC) $\forall v \geq 0 \implies D(U, V) > 0$, siehe [IYAY13]. Die sich ergebende Komplexität ist dabei lediglich exponentiell wachsend zum Grad der Polynome.

Seither sind einige Software-Werkzeuge zur Handhabung von QE-Problemen entstanden. Die erste, auch für nicht triviale Anwendungen einsetzbare Software-Lösung, ist das Open-Source-Paket *QEPCAD* (*Quantifier Elimination by Partial Cylindrical Algebraic Decomposition*) [CH91]. Darauf aufbauend entstand *QEPCAD B* [Bro03], welches in den Repositories der meisten gängigen Linux-Distributionen frei verfügbar ist. Allerdings sind diese beiden Werkzeuge lediglich in der Lage, CAD oder Abwandlungen dieser zu verwenden. Das Programm *Redlog* mit dem Paket *Reduce* [DS97] ist ebenfalls frei und kann darüber hinaus Quantorenelimination mit Algorithmen auf Basis der virtuellen Substitution durchführen. Eine entsprechende Toolbox existiert ebenfalls für *Mathematica* von *Wolfram Research*. Für das Computer-Algebra-System *Maple* gibt es eine vergleichsweise effiziente CAD Implementierung mit der Bibliothek *RegularChains* [CM14, CM16] und das Softwarepaket *SyNRAC* [AY03, YA07], welches CAD, virtuelle Substitution und Algorithmen zur Behandlung von Vorzeichen definiten Bedingungen verwenden kann.

Unabhängig von der Effizienz der Implementierung besitzen diese Algorithmen eine hohe rechentechnische Komplexität, welche im Extremfall doppelt exponentiell sein kann. Daher ist eine effiziente Problemformulierung mit möglichst wenigen Variablen unumgänglich für die Anwendung der Software-Werkzeuge. In den folgenden Abschnitten wird gezeigt, wie diese für die Stabilitätsanalyse verwendet werden können.

4.2 Stabilitätsanalyse mittels Quantorenelimination

In diesem Abschnitt wird dargestellt, wie mittels der in den Abschnitten 2.2-2.4 zusammengefassten direkten Methode von Lyapunov und QE-Techniken, sowohl lineare als auch nichtlineare Systeme auf Stabilität untersucht werden.

4.2.1 Stabilitätsuntersuchung linearer Systeme im Zustandsraum

Quantorenelimation wurde bereits für die Analyse und den Entwurf robuster Regler für lineare Systeme im Zustandsraum, sowie die Betrachtung von nichtlinearen Nebenbedingungen behandelt [AH00, AH06, HHY⁺07, YIU⁺08]. In [TB17] wurden sowohl lineare Zustandsraum- als auch lineare Deskriptorsysteme explizit mit RRC-Methoden untersucht und der sich ergebende Rechenaufwand dargestellt.

Ausgangspunkt für die weiteren Betrachtungen ist die Lyapunov-Gleichung (2.12). Wird nun $Q = I$ gewählt, ergibt sich für die Stabilität des Systems (2.7) die Bedingung:

$$PA + A^T P + I \overset{!}{=} 0 \tag{4.3}$$

$$P \succ 0. \tag{4.4}$$

Um diese mit QE-Methoden untersuchen zu können, müssen die entsprechenden Matrix-Bedingungen in skalare Polynome umgeformt werden. Dazu wird die Bedingung (4.3) elementweise betrachtet und die Definitheit von P mit Hilfe des Hauptminorenkriterums [MM92] untersucht. Dies führt zu dem nachfolgenden Satz.

Satz 4.1 (Pränexe Stabilitätsaussage für lineare Zustandsraumsysteme). *Das lineare Zustandsraumsystem* (2.7) *ist genau dann asymptotisch (genauer exponentiell) stabil, wenn die Aussage*

$$\exists p_{11} \dots p_{nn} : l_{11} = 0 \land \dots \land l_{1n} = 0 \land l_{22} = 0 \dots \land l_{nn} = 0 \land$$

$$|P|_1 > 0 \land \dots \land |P|_n = \det(P) > 0 \tag{4.5}$$

erfüllt ist, wobei p_{ij} das Element der i-ten Zeile und j-ten Spalte der Matrix P, l_{ij} das Element der i-ten Zeile und j-ten Spalte der Matrix $L = PA + A^T P + I$ und $|P|_i$ der i-te führende Hauptminor der Matrix P ist.

Anmerkung 4.1 (Alternative Bedingungen). *Anstatt der Matrixgleichung $PA + A^T P + I = 0$ kann auch die allgemeinere Bedingung $PA + A^T P \prec 0$ verwendet*

*werden. Dabei kann wiederum die Definitheit der Matrix $PA + A^T P$ mit dem Haupt-
minorenkriterium bestimmt werden. Mit diesem Ansatz müssen n Ungleichungen
anstatt $n(n+1)/2$ Gleichungen berücksichtigt werden. Da die resultierenden Gleichungen aus $PA + A^T P + I = 0$ linear in den Parametern $p_{11} \ldots p_{nn}$ sind, die Hauptminoren
allerdings Polynome höherer Ordnung in den Parametern $p_{11} \ldots p_{nn}$ ergeben, ist es aus
rechentechnischer Sicht vorteilhafter, die Formulierung (4.5) zu verwenden. Dieser
Effekt wird bei höheren Systemdimensionen verstärkt.*

*Bei linearen Systemen besteht weiterhin die Möglichkeit, die Stabilität auf Basis
des charakteristischen Polynoms $\det(sI - A)$ zu bestimmen [RVF18, RVFF18].*

Anmerkung 4.2 (Systeme mit Unsicherheiten). *Enthält das System (2.7) Unbekannte oder Entwurfsparameter $k \in \mathbb{R}^p$, kann Satz 4.1 weiterhin angewendet werden.
Allerdings entstehen bei der Quantorenelimination i. Allg. Bedingungen an die Parameter k, zumindest wenn diese stabilitätswirksam sind.*

Die Anwendung von Satz 4.1 wird im Folgenden anhand eines Beispiels dargestellt:

Beispiel 4.1 (Ausgangsrückführung). *Häufig ist für die Regelung eines Systems nicht
der komplette Zustandsvektor zugänglich. Somit kann kein Regelungsentwurf über eine
statische Zustandsrückführung erfolgen. Die nicht messbaren Zustände können nun
einerseits über einen Zustandsbeobachter konstruiert werden, was auf eine dynamische
Ausgangsrückführung führt. Andererseits kann eine statische Ausgangsrückführung
zur Regelung verwendet werden. Damit ergibt sich zwar eine einfachere Implementierung, allerdings ist der Entwurf einer statischen Ausgangsrückführung i. Allg. kein
triviales Problem. Im Nachfolgenden wird gezeigt, wie die stabilisierenden Parameter
mit QE-Methoden bestimmt werden können. Eine ausführlichere Betrachtung der
auf QE-Methoden basierenden Lösungsansätze zur Existenz und Bestimmung von
stabilisierender Ausgangsrückführungen finden sich in [RVF18, RVFF18]. Hier wird
das aus [ABJ75] stammende System*

$$A = \begin{pmatrix} 0 & 1 & 0 \\ 0 & 0 & 1 \\ 0 & 13 & 0 \end{pmatrix}, \qquad B = \begin{pmatrix} 0 \\ 0 \\ 1 \end{pmatrix},$$

$$C = \begin{pmatrix} 0 & 5 & -1 \\ -1 & -1 & 0 \end{pmatrix}, \qquad K = \begin{pmatrix} k_1 & k_2 \end{pmatrix} \tag{4.6}$$

betrachtet. Damit ergibt sich für den geschlossenen Regelkreis

$$A_{geschl.} = A + BKC = \begin{pmatrix} 0 & 1 & 0 \\ 0 & 0 & 1 \\ -k_2 & 13 + 5k_1 - k_2 & -k1 \end{pmatrix}. \tag{4.7}$$

Die Frage, ob geeignete Parameterwerte existieren, die das System stabilisieren, kann über die pränexe Formulierung

$$\exists p_{11} \ldots p_{33}, k_1, k_2 : l_{11} = 0 \wedge \ldots \wedge l_{13} = 0 \wedge l_{22} = 0 \ldots \wedge l_{33} = 0 \wedge p_{11} > 0$$
$$\wedge p_{11}p_{22} - p_{12}^2 > 0 \wedge \det(P) > 0 \tag{4.8}$$

dargestellt werden. Die einzelnen Polynome l_{ij} ergeben sich aus $L = PA_{geschl.} + A_{geschl.}^T P + I$ zu

$$l_{11} = -2p_{13}k_2 + 1 \tag{4.9a}$$

$$l_{12} = l_{21} = p_{11} + p_{13}(13 + 5k_1 - k_2) - p_{23}k_2 \tag{4.9b}$$

$$l_{13} = l_{31} = -p_{13}k_1 - p_{33}k_2 + p_{12} \tag{4.9c}$$

$$l_{22} = 2p_{12} + 2p_{23}(13 + 5k_1 - k_2) + 1 \tag{4.9d}$$

$$l_{23} = l_{32} = -p_{23}k1 + p_{22} + p_{13} + p_{33}(13 + 5k_1 - k_2) \tag{4.9e}$$

$$l_{33} = -2p_{33}k_1 + 2p_{23} + 1. \tag{4.9f}$$

*Wird für die Aussage (4.8) ein quantorenfreies Äquivalent mit QE-Methoden bestimmt, ergibt sich **true**. Daher ist das System über eine Ausgangsrückführung stabilisierbar. Um einen Regler zu entwerfen, werden die Quantoren an die einzelnen Reglerparameter nun sukzessive entfernt. Zu Beginn wird der Parameter k_1 als freie Variable angenommen. Aus dem Quantoreneliminations-Prozess ergibt sich $k_1 > 1$. Die Wahl $k_1 = 2$ erfüllt offensichtlich die entstandenen Bedingungen (vgl. [RVFF18]) und wird daher für die weitere Untersuchung verwendet. Wird nun noch der Quantor an k_2 entfernt, resultiert $k_2 > 46$. Somit kann bspw. mit der Wahl $k_2 = 50$ das System stabilisiert werden. Dieses Ergebnis deckt sich mit den Resultaten basierend auf der Betrachtung des charakteristischen Polynoms in [RVFF18]. Erwähnt sei noch, dass bei der Quantorenelimination in einem ersten Schritt recht umfangreiche Ausdrücke in k_1 bzw. k_2 entstehen. Diese können dann anschließend mit SLFQ (Simplifying Large Formulas with QEPCAD B) vereinfacht werden. Mit dem Maple Paket SyNRAC gelingt diese Vereinfachung nicht.*

4.2.2 Stabilitätsuntersuchung linearer Deskriptorsysteme

Im vorherigen Abschnitt wurde dargestellt, wie die Stabilität von linearen Systemen im Zustandsraum (mit und ohne unbekannten Parametern) mittels QE-Methoden auf Stabilität untersucht werden können. Diese Herangehensweise wird nun auf Deskriptorsysteme erweitert [VTRB17, TB17]. Dazu können für impulsfreie Systeme Theorem 2.5 und Theorem 2.6 und für beliebige lineare Deskriptorsysteme das Theorem 2.4 verwendet werden. Als pränexes Äquivalent für Theorem 2.5 und Theorem 2.6 ergibt sich:

$$\exists p_{11} \dots p_{nn} : A^T P E + E^T P A + E^T Q E = 0 \wedge \Delta_1(P) \geq 0 \wedge \dots \wedge \det(P) \geq 0 \quad (4.10)$$

$$\exists p_{11} \dots p_{nn} : A^T P + P A + Q = 0 \wedge E^T P - P^T E = 0 \wedge$$
$$\Delta_1(E^T P) \geq 0 \wedge \dots \wedge \det(E^T P) \geq 0 \quad (4.11)$$

und für Theorem 2.4:

$$\exists p_{11} \dots p_{nn} : A^T P E + E^T P A + P_r^T Q P_r = 0 \wedge P = P_l^T P P_l \wedge$$
$$P_l^T P P_l = P^T \wedge \Delta_1(P) \geq 0 \wedge \dots \wedge \det(P) \geq 0, \quad (4.12)$$

wobei $\Delta_i(\cdot)$ der i-te Hauptminor der jeweiligen Matrix darstellt. Hier sei darauf hingewiesen, dass aufgrund der zu untersuchenden positiven Semidefinitheit alle Hauptminoren und nicht nur die führenden Hauptminoren betrachtet werden müssen. Um dies zu verdeutlichen, wird hier $\Delta_i(\cdot)$ anstatt $|\cdot|_i$ verwendet. Wie bei den Betrachtungen im Zustandsraum werden die Gleichheitsbedingungen in der QE-Prozedur elementweise überprüft. Für die konkrete Berechnung ist die Bedingung (4.11) der Bedingung (4.10) aufgrund der Singularität der Matrix E vorzuziehen. Durch diese Singularität ist die Auswertung der Hauptminoren im Allgemeinen wesentlich einfacher. Dies verdeutlicht das nachfolgende Beispiel:

Beispiel 4.2 (Dreidimensionales System). *Für die folgenden Untersuchungen wird das Beispiel [Dua02, Example 3.13] um die Parameter k_1 und k_2 erweitert:*

$$E = \begin{pmatrix} 0 & -1 & 3 \\ 0 & 0 & -1 \\ 0 & 0 & -1 \end{pmatrix}, \quad A = \begin{pmatrix} 2 & 2 & -2 \\ -k_1 & 0 & 0 \\ -k_2 & 0 & 1 \end{pmatrix}. \quad (4.13)$$

Für $k_1 \neq 0$ oder $k_2 \neq 0$ ist die Bedingung (2.21) erfüllt und das System somit

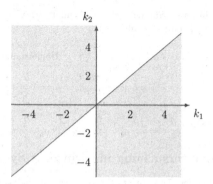

Abbildung 15 – Menge der stabilisierenden Parameter von (4.13)

impulsfrei. Die sich ergebende Matrix

$$E^T P = \begin{pmatrix} 0 & 0 & 0 \\ 0 & -p_{12} & -p_{13} \\ -p_{21} - p_{31} & 3p_{12} - p_{22} - p_{32} & 3p_{13} - p_{23} - p_{33} \end{pmatrix} \quad (4.14)$$

besitzt aufgrund der Nullzeile eine Reihe trivialer Hauptminoren, wohingegen die Matrix P a priori vollbesetzt ist. Daher wird Bedingung (4.11) für die Bestimmung der stabilisierenden Parameterkonstellationen (k_1, k_2) verwendet. Wird für die konkrete Berechnung das Maple Paket SyNRAC genutzt, ergibt sich ein äußerst umfangreicher Ausdruck als Ergebnis der Quantorenelimination. Dieser kann nur unwesentlich mit den SyNRAC-internen Vereinfachungsmethoden reduziert werden. Wird stattdessen das offene Paket Reduce verwendet, ergibt sich zwar auch ein Ausdruck von ca. 2,5 KiB ASCII-Text. Dieser kann allerdings mit dem Werkzeug SLFQ zum Ausdruck

$$k_1 > 0 \wedge k_2 - k_1 < 0 \vee k_1 < 0 \wedge k_2 - k_1 > 0 \quad (4.15)$$

vereinfacht werden. Das entsprechende Gebiet der stabilisierenden Parameter zeigt Abbildung 15. Tabelle 5 verdeutlicht, dass aus dem Ansatz (4.11) mehr Gleichungs- nebenbedingungen resultieren. Dies ist auf die zusätzliche Bedingung $E^T P - P^T E = 0$ zurückzuführen. Allerdings entstehen weniger Ungleichungsnebenbedingungen und ins- besondere keine der Ordnung n, da die Matrix E im Allgemeinen singulär ist und damit auch $P^T E$. Dies ist insbesondere für höher dimensionale Systeme von Vorteil.

Tabelle 5 – Anzahl und Ordnung der entstehenden Polynome aus den Bedingungen (4.10) und (4.11)

	Gleichungen			Ungleichungen		
Ordnung	1	2	3	1	2	3
Bed. (4.10)	3	2	0	3	3	1
Bed. (4.11)	4	5	0	2	1	0

4.2.3 Stabilitätsuntersuchung nichtlinearer Systeme

Nachdem in den vorherigen Abschnitten lineare Systeme analysiert wurden, werden nun die Betrachtungen auf nichtlineare Systeme erweitert. Dazu wird Theorem 2.1 in pränexe Formulierungen überführt. Zusätzlich werden freie Parameter in der Systembeschreibung $f(x,k)$, $k \in \mathbb{R}^p$ und dem Lyapunov-Ansatz $V(x,q)$, $q \in \mathbb{R}^l$ berücksichtigt. Daraus ergeben sich die im nachfolgenden Satz aufgeführten pränexen Formulierungen:

Satz 4.2 (Pränexe Stabilitätsaussage für nichtlineare Systeme). *Das nichtlineare Zustandsraumsystem* (2.1) *ist genau dann stabil im Sinne von Lyapunov, wenn eine Funktion* $V(x,q)$, $q \in \mathbb{R}^l$ *existiert, so dass die Aussage*

$$\exists q \forall x : (x = 0 \implies V(x,q) = 0 \wedge \dot{V}(x,q) = 0)$$
$$\wedge (x \neq 0 \implies V(x,q) > 0 \wedge \dot{V}(x,q) \leq 0) \tag{4.16}$$

erfüllt ist. Sollte darüber hinaus

$$\exists q \forall x : (x = 0 \implies V(x,q) = 0 \wedge \dot{V}(x,q) = 0)$$
$$\wedge (x \neq 0 \implies V(x,q) > 0 \wedge \dot{V}(x,q) < 0), \tag{4.17}$$

gelten, so ist das System (2.1) *asymptotisch stabil.*

Wird anstelle von System (2.1) ein System $f(x,k)$ betrachtet, ergeben sich als entsprechende Ergebnisse aus der Quantorenelimination im Allgemeinen Bedingungen an die Parameter k. Diese charakterisieren die Parameterkonstellationen, für die sich ein stabiles System ergibt. Satz 4.2 garantiert nicht die radiale Unbeschränktheit der jeweiligen Lyapunov-Ansätze. Somit muss sich für globale Aussagen die radiale Unbeschränktheit direkt aus dem Ansatz ergeben (bspw. $V(x,q) = qx^2, q > 0$). Alternativ kann die radiale Unbeschränktheit auch über Vergleichsfunktionen, wie in Theorem 2.2, berücksichtigt werden. Die Bedingungen (4.16) und (4.17) können direkt auf polynomiale Systembeschreibungen angewendet werden, zumindest wenn für diese eine polynomiale Lyapunov-Funktion existiert. Denn auch global asymptotisch stabile Systeme mit polynomialen Beschreibungen können eine nicht-polynomiale Lyapunov-Funktion erfordern [PP10, AKP11]. In den nachfolgenden Beispielen wird die Anwendung der pränexen Formulierungen (4.16) bzw. (4.17) dargestellt.

Beispiel 4.3 (Stabilität eines eindimensionalen Systems). *Betrachtet wird das System $\dot{x} = -x - kx^2 - x^3$. Als Ansatz für die Lyapunov-Funktion wird $V(x,q) = qx^2$ verwendet. Die sich ergebende Zeitableitung der angesetzten Lyapunov-Funktion ist:*

$$\dot{V}(x,q,k) = -2qx^2(kx + x^2 + 1). \tag{4.18}$$

Mit (4.17) ergeben sich daraus die Grenzen $-2 < k < 2$.

Beispiel 4.4 (Stabilität eines zweidimensionalen Systems). *Als zweites wird das System*

$$\dot{x} = \begin{pmatrix} -x_1^3 + x_1 x_2 \\ kx_1^2 - x_2 \end{pmatrix} \tag{4.19}$$

betrachtet. Zu Beginn wird dieses System mit der Lyapunov-Funktion $V_1(x) = x_1^2 + x_2^2$ untersucht. Dabei ergibt sich $-3 < k < 1$ als Stabilitätsgrenzen in k. Um dieses Ergebnis zu überprüfen, wurden die Zustandsdiagramme für unterschiedliche Werte von k erstellt. Diese sind in Abbildung 16 dargestellt. Die Abbildung 16a zeigt das stabile Verhalten für $k = 0$. In Abbildung 16b wurde der Parameter $k = 1,1$ verwendet. Dieser liegt außerhalb der bestimmten Stabilitätsgrenzen und führt daher auch zu einem instabilen Verhalten. Die dritte Abbildung 16c stellt das Zustandsdiagramm für den Wert $k = -3,1$ dar, welcher unterhalb des berechneten Stabilitätsbereiches liegt. Entgegen der Erwartung zeigt sich ein asymptotisch stabiles Verhalten. Da dieser Konservatismus nicht durch den algebraischen Rechenprozess entstehen kann, resultiert er aus der angesetzten Lyapunov-Funktion. Daher wird stattdessen die Funktion $V_2(x,q) = q_1 x_1^2 + q_2 x_2^2$ mit $q_1, q_2 > 0$ für die Stabilitätsanalyse verwendet. Die zusätzlichen Freiheitsgrade (q_1, q_2) ermöglichen die Bestimmung der exakte Grenze $k < 1$.

Wie Beispiel 4.4 verdeutlicht, ist die Güte der berechneten Ergebnisse von der angesetzten Lyapunov-Funktion abhängig. Allerdings stellen diese aufgrund der inhärenten Exaktheit von Quantoreneliminations-Methoden die einzige Ursache für konservative Ergebnisse dar.

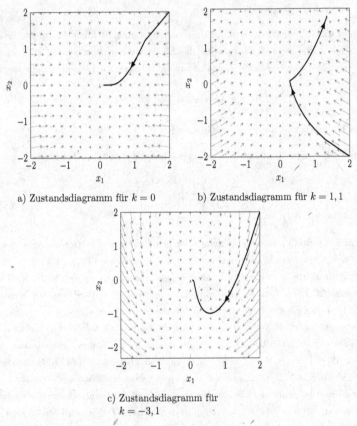

a) Zustandsdiagramm für $k = 0$ b) Zustandsdiagramm für $k = 1,1$

c) Zustandsdiagramm für
$k = -3,1$

Abbildung 16 – Zustandsdiagramme des Systems (4.19) für unterschiedliche Werte von k [VRB18]

4.2.4 Nichtpolynomiale Systeme

Wie bereits zuvor dargestellt, können mit den hier beschriebenen QE-Methoden lediglich Systeme mit polynomialen Vektorfeldern betrachtet werden. Allerdings können über die Booleschen Operatoren auch Betrags-, Vorzeichen- oder Sprungfunktionen realisiert werden. Daher können in einigen Werkzeugen (bspw. *SyNRAC*) diese Funktionen direkt verwendet werden. Darüber hinaus kann der in Abschnitt 3.2 vorgestellte Zugang der rationalen Umformung auch in Kombination mit Quantoreneliminationstechniken angewandt werden. Dabei ergibt sich im Vergleich zu den in Kapitel 3 eingeführten SOS-Bedingungen der Vorteil, dass die resultierenden Nebenbedingungen (T, G_1, G_2, G_D) direkt berücksichtigt werden können. Dies fasst der nachfolgende Satz zusammen:

Satz 4.3 (Pränexe Stabilitätsaussage für umgeformte nichtlineare Systeme). *Es sei das System* (3.39)–(3.40) *sowie die Funktionen* $T(z_1)$, $G_1(z_1, z_2)$, $G_2(z_1, z_2)$, $G_D(z_1, z_2)$ *und* $N(z_1, z_2)$ *gegeben. Es sei* $z_{2,0} = T(0)$. *Das System ist stabil im Sinne von Lyapunov, wenn eine Funktion* $\tilde{V}(q, z_1, z_2)$ *existiert, so dass die Aussage*

$$\exists q \, \forall z_1, z_2 :$$

$$(z_1 = 0 \wedge z_2 = T(z_1 = 0) \wedge G_1 = 0 \wedge G_2 \geq 0 \wedge G_D \geq 0 \implies \tilde{V} = 0 \wedge N \cdot \dot{\tilde{V}} = 0) \wedge$$

$$(z_1 \neq 0 \wedge z_2 = T(z_1) \wedge G_1 = 0 \wedge G_2 \geq 0 \wedge G_D \geq 0 \implies \tilde{V} > 0 \wedge N \cdot \dot{\tilde{V}} \leq 0) \quad (4.20)$$

erfüllt ist. Gilt darüber hinaus

$$\exists q \, \forall z_1, z_2 :$$

$$(z_1 = 0 \wedge z_2 = T(z_1 = 0) \wedge G_1 = 0 \wedge G_2 \geq 0 \wedge G_D \geq 0 \implies \tilde{V} = 0 \wedge N \cdot \dot{\tilde{V}} = 0) \wedge$$

$$(z_1 \neq 0 \wedge z_2 = T(z_1) \wedge G_1 = 0 \wedge G_2 \geq 0 \wedge G_D \geq 0 \implies \tilde{V} > 0 \wedge N \cdot \dot{\tilde{V}} < 0),$$

$$(4.21)$$

so ist das System asymptotisch stabil.

Beispiel 4.5 (Umgeformtes Furuta-Pendel). *Die in Satz 4.3 vorgestellten Stabilitätsbedingungen werden nun anhand des Furuta-Pendels aus Beispiel 3.5 näher erläutert.*

Das Zustandsraummodell

$$\dot{z}_1 = z_2 \tag{4.22}$$

$$\dot{z}_2 = \dot{\theta}_a^2 z_3 z_4 - \frac{g}{l_p} z_3 \tag{4.23}$$

$$\dot{z}_3 = z_2 z_4 \tag{4.24}$$

$$\dot{z}_4 = -z_2 z_3 \tag{4.25}$$

wurde in Beispiel 3.5 als polynomialisiertes Modell des Furuta Pendels hergeleitet. Zusätzlich ergibt sich aus den trigonometrischen Zusammenhängen die Bedingung $G_1(z) = z_3^2 + z_4^2 - 1 = 0$. Es wird für die Stabilitätsanalyse, wie bei der SOS-Betrachtung, der Lyapunov-Kandidat $\tilde{V}(z,q) = q_1 z_2^2 + q_2 z_3^2 + q_3 z_4^2 + q_4 z_4 + q_5$ verwendet. Damit ergibt sich aus (4.20)

$$\exists q_1, \ldots, q_5 \, \forall z_1, \ldots, z_4 : (z_1 = 0 \wedge z_2 = 0 \wedge z_3 = 0 \wedge z_4 = 0 \wedge G_1 = 0 \implies V = 0 \wedge \dot{V})$$
$$\wedge \, ((z_1 \neq 0 \vee z_2 \neq 0) \wedge G_1 = 0 \implies V > 0 \wedge \dot{V} \leq 0) \tag{4.26}$$

*als zugehörige pränexe Stabilitätsbedingung. Als Ergebnis der Quantorenelimination von (4.26) ergibt sich **false**, d. h. es existiert keine Parameterkonfiguration $q_1, \ldots, q_5$, welche die Bedingungen (4.26) erfüllt. Um einzugrenzen, welche Restriktionen die Lösung behindern, werden die Variablen z_3 und z_4 aus dem Allquantor entfernt. Dies erzeugt das Ergebnis*

$$z_4 - 1 \neq 0 \vee z_3 \neq 0, \tag{4.27}$$

*welches darauf hinweist, dass die Zusammenhänge zwischen z_1, z_3 und z_4 nicht adäquat abgebildet sind. Aus der Umformung ist bekannt, dass die eingeführten Zustände z_3 und z_4 den Sinus bzw. den Kosinus von x_1 ($\hat{=} z_1$) repräsentieren. Wird nun zusätzlich der Zusammenhang $z_1 = 0 \implies z_3 = 0 \wedge z_4 = 1$ berücksichtigt, ergibt sich **true**. Somit ist die Stabilität des Furuta-Pendels nachgewiesen. Um konkrete Parameter zu bestimmen, werden sukzessive die Quantoren an diesen entfernt. Zu Beginn wird der Quantor an q_5 weggelassen. Als Resultat ergibt sich erneut **true**, d. h. q_5 kann beliebig gewählt werden. In Beispiel 3.5 wurde bereits dargestellt, dass $q_3 + q_4 + q_5 = 0$ gelten muss. So kann $q_3 = 1$, $q_4 = -2$ und $q_5 = 1$ angesetzt werden. Mit diesem Ansatz und dem zusätzlichen Entfernen der Quantoren an q_3 und q_4 ergibt sich aus dem Quantoreneliminationsprozess ebenfalls **true**. Somit eignet sich diese Wahl. Im nächsten Schritt wird zusätzlich der Quantor an q_2 entfernt. Es ergibt sich $10 q_2 - 9 = 0 \iff q_2 = \frac{9}{10}$. Abschließend wird der letzte Existenzquantor entfernt und die*

Bedingung $10q_1 - 1 = 0 \iff q_1 = \frac{1}{10}$ bestimmt. Dementsprechend ist

$$V(x) = \tilde{V}(x, T(x)) = \frac{1}{10}x_2^2 + \frac{9}{10}\sin^2(x_1) + \cos^2(x_1) - 2\cos(x_1) + 1 \qquad (4.28)$$

eine Lyapunov-Funktion für das Furuta-Pendel.

4.3 Eingangs-Zustands-Stabilität

Analog zur Stabilitätsuntersuchung autonomer Systeme können QE-Methoden auch zur Analyse von Systemen mit Eingängen verwendet werden [VRB18]. Dazu bilden die Bedingungen (2.40) und (2.41) den Ausgangspunkt für die folgenden Überlegungen.

Anmerkung 4.3. *Mittels Quantorenelimination kann ebenfalls die in Satz 3.5 beschriebene Bedingung überprüft werden. Darüber hinaus ist es mit QE möglich eine generellere Form von Polynomen zu betrachten. So können bspw. Polynome mit ungeraden Monomen auf ihre Zugehörigkeit zur Klasse K_∞ untersucht werden.*

$$\alpha(s) = \sum_{i=1}^{L} c_i s^i. \qquad (4.29)$$

Auch hier gilt $\alpha(0) = 0$, da kein konstanter Term vorhanden ist. Wenn die Implikation

$$s > 0 \quad \implies \quad \frac{d\alpha(s)}{ds} > 0 \qquad (4.30)$$

für alle außer endlich viele $s \in \mathbb{R}$ erfüllt ist, so ist das Polynom streng monoton steigend. Als ein Polynom ist die Funktion α auch unbeschränkt, d. h. es gilt $\alpha(s) \to \infty$ für $s \to \infty$. Daher gehört es zur Klasse K_∞. Bei der konkreten Berechnung mit QE-Werkzeugen werden die Bedingungen (3.95) und (4.30) mit dem Allquantor überprüft. Zusätzlich erlaubt QEPCAD einen eigenen Quantoren-Typ "für alle außer endlich viele"[Bro03].

Beim Ansatz (4.29) aus Anmerkung 4.3 muss beachtet werden, dass aufgrund der ungeraden Potenzen die bei der euklidischen Norm auftretenden Wurzeln nicht gänzlich kompensiert werden. Daher sollte in diesem Fall die Betragsnorm anstatt die euklidische Norm verwendet werden. Die dadurch resultierende Fallunterscheidung kann direkt mit QE-Werkzeugen berücksichtigt werden. Im *Maple* Paket *SyNRAC* kann der Betrag sogar direkt verwendet werden.

Werden nun zusätzliche Unbekannte oder Entwurfsparameter berücksichtigt, kann ausgehend von (2.40), (2.41) und (3.95) der nachfolgende Satz formuliert werden.

Satz 4.4. *Seien die Funktionen $F(x, w, k)$ und $V(x, q)$ Polynome. Weiterhin seien $\underline{\alpha}(|x|, p)$, $\bar{\alpha}(|x|, r)$, $\gamma(|w|, c)$ und $\alpha(|x|, d)$ Polynome der Form (3.94). Die Variablen k, q, p, r, c, d sind Unbekannte oder Entwurfsparameter. Alle Parameter $\tilde{k}$ für welche*

$$\exists (q, p, r, c, d), \forall (x, w) \begin{cases} V(x, q) - \underline{\alpha}(|x|, p) \geq 0. \\ \bar{\alpha}(|x|, r) - V(x, q) \geq 0. \\ \gamma(|w|, c) - \alpha(|x|, d) \geq \frac{\partial V}{\partial x} F(x, w, \tilde{k}) \\ s \cdot \frac{d\xi(s)}{ds} \geq 0, \xi \in \{\underline{\alpha}, \bar{\alpha}, \alpha, \gamma\}, s \in \{x, w\} \end{cases} \tag{4.31}$$

lösbar ist, ergeben die ISS-Systeme $F(x, w, \tilde{k})$.

Beweis. Die letzte Zeile von (4.31) garantiert, dass die Funktionen $\underline{\alpha}, \bar{\alpha}, \alpha, \gamma$ zur Klasse K_∞ gehören. Die anderen drei Ungleichungen aus (4.31) implizieren die Einhaltung der Bedingungen (2.40) und (2.41). Ist daher (4.31) für einen Wert $\tilde{k}$ lösbar, dann ist V nach Anmerkung 2.1 eine ISS-Lyapunov-Funktion und das System $F(x, w, \tilde{k})$ eingangs-zustands-stabil. $\qquad \square$

Werden die Ungleichungen (4.31) mit dem Booleschen Operator $\wedge$ kombiniert, entsteht direkt eine Aussage in pränexer Normalform. Mithilfe von Quantorenelimination können aus dieser pränexen Aussage die Grenzen im Parameterraum von k bestimmt werden, für welche sich ein eingangs-zustands-stabiles System ergibt.

Anmerkung 4.4. *Die mit der vorgestellten Prozedur berechneten Grenzen sind im Allgemeinen nur Untermengen des tatsächlichen ISS-Stabilitätsgebietes im Parameterraum von k. Der Konservatismus resultiert dabei genauso aus der gewählten Struktur der Lyapunov-Funktion V, wie die der Vergleichsfunktionen $\underline{\alpha}, \bar{\alpha}, \alpha$ und γ.*

Im Unterschied zur Analyse mit SOS können ebenfalls die Bedingungen (2.37) und (2.38) verwendet werden. Die in (2.38) enthaltene Implikation erzeugt häufig wesentlich schlechtere rechentechnische Eigenschaften, so dass für die folgenden Berechnungen die Bedingungen (2.40) und (2.41) verwendet werden.

Die vorgestellten Bedingungen werden anhand von drei Systeme untersucht.

Beispiel 4.6 (Eindimensionales kubisches System). *Das erste System, welches untersucht wird, ist*

$$\dot{x} = -x - \frac{x^2}{10} - x^3 + \frac{w}{10}. \tag{4.32}$$

Um System (4.32) auf ISS zu prüfen, wird $V(x, q) = qx^2$ als Lyapunov-Kandidat *gewählt. Für die Zeitableitung ergibt sich*

$$\frac{\partial V}{\partial x} = (-x - \frac{x^2}{10} - x^3 + \frac{w}{10})$$

$$= -2qx^4 - \frac{1}{5}qx^3 + \frac{1}{5}qwx - 2qx^2$$

$$\leq -2qx^4 - \frac{1}{5}qx^3 + \frac{1}{5}q|w||x| - 2qx^2$$

$$\leq -2qx^4 - \frac{1}{5}qx^3 + \frac{1}{10}qw^2 + \frac{1}{10}qx^2 - 2qx^2$$

$$= -2qx^4 - \frac{1}{5}qx^3 - \frac{19}{20}qx^2 + \frac{1}{10}qw^2.$$

$$\leq \underbrace{-\frac{11}{5}qx^4 - \frac{21}{10}qx^2}_{-\alpha(|x|)} + \underbrace{\frac{1}{10}qw^2}_{+\gamma(|w|)}.$$

Bedingung (2.37) ist somit stets für Lyapunov-Kandidaten $V(x) = qx^2$ mit $q > 0$ erfüllt, siehe Anmerkung 2.1. Da die Bedingung (2.38) ebenfalls erfüllt ist, ist das System (4.32) eingangs-zustands-stabil. Wird

$$\underline{\alpha}(|x|, p) = px^2,$$

$$\bar{\alpha}(|x|, r) = rx^2,$$

$$\alpha(|x|, d) = dx^2,$$

$$\gamma(|w|, c) = cw^2,$$

gewählt, kann die ISS-Eigenschaft mit Satz 4.4 bestimmt werden. Für positive Parameter p, r, c, d gehören die Funktionen $\underline{\alpha}, \bar{\alpha}, \alpha, \gamma$ zur Klasse K_∞. Die ISS-Eigenschaft kann durch (4.31) verifiziert werden. Als Resultat ergibt sich **true**. *Daher ist das System (4.32) ISS.*

Wird der Faktor $1/10$ vor dem quadratischen Term des Systems (4.32) durch den Parameter k ersetzt, ergibt sich

$$\dot{x} = -x - kx^2 - x^3 + \frac{w}{10}. \tag{4.33}$$

Werden die Vergleichsfunktionen und der Lyapunov-Kandidat beibehalten, können für das System (4.33) die Parameter k bestimmt werden, so dass dieses ISS ist. In diesem Fall ist eine Variable (k) frei. Die QE-Prozedur ergibt folgende äquivalente quantorenfreie Aussage: $k - 2 < 0 \land k + 2 > 0$, und damit die ISS-Grenzen

$$-2 < k < 2. \tag{4.34}$$

Alternativ können die Grenzen über Definition 2.10 berechnet werden. An dieser Stelle sei noch einmal darauf hingewiesen, dass die Grenzen im Allgemeinen von der Wahl der Vergleichsfunktionen sowie des Lyapunov-Kandidaten abhängen. Dies zeigt das nachfolgende Beispiel. Das hier betrachtete Beispielsystem (4.33) wird mit $w = 0$ stabil im Sinne von Lyapunov (allerdings nicht mehr asymptotisch stabil) für $|k| = 2$ und instabil für $|k| > 2$. Daher gibt Ungleichung (4.34) die exakten ISS-Grenzen des Parameters k an.

Beispiel 4.7 (Zweidimensionales kubisches System). *Im zweiten Beispiel wird das bereits in Beispiel 4.4 untersuchte System*

$$\dot{x}_1 = -x_1^3 + x_1 x_2 \tag{4.35}$$
$$\dot{x}_2 = k x_1^2 - x_2 + w$$

mit einem zusätzlichen Eingang betrachtet. Zuerst wird das System mit

$$V_1(x) = \frac{1}{2}(x_1^2 + x_2^2) \tag{4.36}$$

als Lyapunov-Kandidat und $\alpha(x, d) = d_1 x_1^4 + d_2 x_2^2$ und $\gamma(w, c) = cw^2$ als Vergleichsfunktionen untersucht. Die Vergleichsfunktion α ist keine Funktion der Norm $|x|$, daher kann nicht direkt auf ISS geschlossen werden. Allerdings gilt:

$$dx^4 \geq \frac{d}{4}|x|^{1+\frac{1}{|x|}}. \tag{4.37}$$

Eine äquivalente Abschätzung existiert für dx^2. Daher kann die Funktion $\alpha(x, d) = d_1 x_1^4 + d_2 x_2^2$ mit der auf der Norm basierenden Funktion $\tilde{\alpha} = \min(\frac{d_1}{4}, \frac{d_2}{4})|x|^{1+\frac{1}{|x|}}$ abgeschätzt werden. Dieser Zusammenhang ist in Abbildung 17 dargestellt. Wenn also $\alpha(x, d) = d_1 x_1^4 + d_2 x_2^2$ die Ungleichung (4.31) erfüllt, kann stets eine geeignete Vergleichsfunktion gefunden werden. Durch die Wahl einer weniger komplexen Funktion α kann die Komplexität des resultierenden Polynoms reduziert werden. Damit wird auch der rechentechnische Aufwand signifikant verringert. Mit dem vorgeschlagenen Ansatz ergeben sich

$$k < 1 \wedge k + 3 > 0 \iff -3 < k < 1 \tag{4.38}$$

als Grenzen für die Eingangs-Zustands-Stabilität.

Der Einfluss des Parameters k auf das autonome System ist bereits in Abbildung 16 dargestellt. Wie bereits in Beispiel 4.4 gezeigt, ist das System für Werte $k < -3$ ebenfalls stabil. Daher liegt es nahe, dass das System auch ISS für $k < -3$ ist. Wie

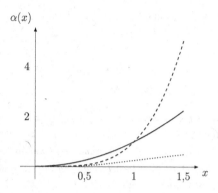

Abbildung 17 – Vergleich der Funktionen $\alpha = x^2$ (—), $\alpha = x^4$ (- - -) und $\alpha = \frac{1}{4}|x|^{1+\frac{1}{|x|}}$ ($\cdots$) [VRB18]

in Anmerkung 4.4 erläutert, können die berechneten Grenzen (4.38) aufgrund der Annahme über die Struktur des Lyapunov-Kandidaten und der Vergleichsfunktionen konservativ sein. Ein besseres Resultat ergibt sich mit

$$V_3(x,q) = q_1 x_1^2 + q_2 x_2^2. \tag{4.39}$$

Dieser Ansatz erlaubt die Bestimmung der exakten Grenze

$$k < 1. \tag{4.40}$$

Dieser Zusammenhang wird mit der Ungleichung

$$k^2 q_2^2 + 2k q_1 q_2 + q_1^2 - 4 q_1 q_2 < 0, \ \textit{mit } q_1, q_2 > 0 \tag{4.41}$$

beschrieben. Diese Ungleichung beschreibt die ISS-Bedingungen in den Parametern k, q_1 und q_2. Mit $q_1 = q_2 = q$ vereinfacht sich (4.41) zu

$$(k^2 + 2k + 1)q^2 - 4q^2 = (k^2 + 2k - 3)q^2 < 0. \tag{4.42}$$

Dies führt direkt zu den Grenzen 1 und −3. Lässt man zu, dass $q_1 > 0$ und $q_2 > 0$ beliebige Koeffizienten sind, verbleibt lediglich die Grenze $k = 1$.

Beispiel 4.8 (Kaskadiertes System). *Als letztes Beispiel wird das System*

$$\dot{x}_1 = -\beta x_1 - x_2 x_3 \tag{4.43}$$

$$\dot{x}_2 = \sigma(-x_2 + x_3) \tag{4.44}$$

$$\dot{x}_3 = -x_3 + w, \tag{4.45}$$

betrachtet, welches mit der Rückkopplung $w = \rho x_2 - x_1 x_2$ das Lorenz-System ergibt. Es ist ersichtlich, dass das System (4.43)–(4.45) eine kaskadierte Struktur aufweist (siehe Abbildung 18). Daher kann Lemma 2.2 angewandt werden. Das Teilsystem (4.45) ist ISS bezüglich w und (4.44) ist für $\sigma > 0$ ISS bezüglich x_3. Dies kann aufgrund der Linearität der Gleichungen mit quadratischen Ansätzen für V und den Vergleichsfunktionen α und γ gezeigt werden. Für das Teilsystem (4.43) werden die Ansätze

$$V(x) = x_1^2 \tag{4.46}$$

$$\gamma(x, c) = c(x_2^2 + x_3^2) \tag{4.47}$$

$$\alpha(x, d) = dx_1^2, \tag{4.48}$$

verwendet. Die sich daraus ergebende Bedingung

$$\exists(c, d) \, \forall(x_1, x_2, x_3) : -\dot{V} - \alpha + \gamma \geq 0 \land c > 0 \land d > 0 \tag{4.49}$$

erzeugt das Ergebnis false, da der multiplikative Term $x_2 x_3$ nicht mit dem angesetzten γ nach oben beschränkt werden kann. Allerdings kann mit $\gamma(x, c) = c(x_2^2 + x_3^2)^2$ das Resultat $\beta > 0$ erzeugt werden. Angeli [Ang02] zeigt, dass das beschränkte System

$$\dot{x}_1 = -\beta x_1 - \operatorname{sat}(x_2)\operatorname{sat}(x_3) \tag{4.50}$$

mit der stückweise linearen Sättigungsfunktion $\operatorname{sat}(x)$ inkrementell ISS und damit ISS ist. Damit ergibt sich die Bedingung:

$$\exists(c, d) \, \forall(x_1, x_2, x_3) : \tag{4.51}$$
$$|x_2| \leq \delta \land |x_3| \leq \delta \implies -\dot{V} - \alpha + \gamma \geq 0 \land c > 0 \land d > 0.$$

Selbst bei einem quadratischen Ansatz für γ ergibt sich $\beta > 0$.

Anmerkung 4.5. *Aus ISS-Sicht könnte das Teilsystem (4.43) aus dem vorangegangen Beispiel mit der Substitution $\tilde{x} = x_2 x_3$ linearisiert und die ISS-Eigenschaft direkt mit $\gamma(\tilde{x}, c) = c\tilde{x}^2$ gezeigt werden. Dies verdeutlicht nochmals den praktischen Nutzen von Lemma 2.2.*

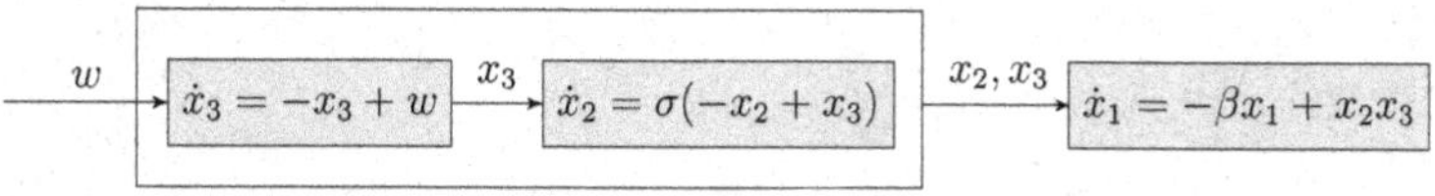

$$w \rightarrow \boxed{\dot{x}_3 = -x_3 + w} \xrightarrow{x_3} \boxed{\dot{x}_2 = \sigma(-x_2 + x_3)} \xrightarrow{x_2, x_3} \boxed{\dot{x}_1 = -\beta x_1 + x_2 x_3}$$

Abbildung 18 – Kaskadierte Darstellung des Systems (4.43)–(4.45) [VRB18]

In diesem und im vorangegangenen Kapitel wurden Verfahren vorgestellt, um Systeme, insbesondere nichtlineare Systeme, auf unterschiedliche Stabilitätseigenschaften zu untersuchen. Bei der Betrachtung linearer Systeme ergeben sich aufgrund der damit verbundenen Eigenschaften wesentlich mehr Möglichkeiten der Analyse. Das nachfolgende Kapitel zeigt einen weiteren Ansatz, um alle stabilisierenden Parameter zu bestimmen.

5 Parameterraum-Methoden zur Stabilitätsanalyse linearer Systeme

In diesem Kapitel werden algebraische Methoden basierend auf der Lyapunov-Gleichung vorgestellt, um alle stabilisierenden Entwurfs- oder Reglerparamter zu ermitteln. Dabei handelt es sich um ein sehr altes Problem, welches sich bis zurück ins 19. Jahrhundert verfolgen lässt [Vys76]. Daher existieren bereits einige Ansätze, um die stabilisierenden Reglerparameter zu bestimmen. Hier sind insbesondere die D-Zerlegungsmethode [GP06], der Parameterraum-Ansatz [Ack12], die Entkopplung an singulären Frequenzen [Baj06] und der Hermite-Biehler-Ansatz [SDB02] zu nennen. Alle diese Ansätze basieren darauf, dass ein lineares, zeitinvariantes System instabil wird, wenn mindestens eine Wurzel der charakteristischen Gleichung die imaginäre Achse von der linken zur rechten Halbebene überquert. Beim Parameterraum-Ansatz von Ackermann wird dabei zwischen drei Möglichkeiten unterschieden. Die erste Möglichkeit ist, dass eine reelle Wurzel ihr Vorzeichen ändert und dabei den Koordinatenursprung durchquert. Die sich dabei ergebende Grenze wird *reelle Wurzelgrenze* (engl. real root boundary, kurz: RRB) genannt. Als *komplexe Wurzelgrenze* (engl. complex root boundary, kurz: CRB) wird die Grenze bezeichnet, die sich ergibt, wenn ein konjugiert komplexes Paar die imaginäre Achse kreuzt. Die letzte Möglichkeit ergibt sich, wenn der Realteil einer Wurzel bzw. eines Wurzelpaares sein Vorzeichen im Unendlichen ändert. Daraus ergibt sich die *unendliche Wurzelgrenze* (engl. infinity root boundary, kurz: IRB). Aufgrund der Frequenzabhängigkeit der CRB, muss diese für jede Frequenz einzeln überprüft werden [Ack12]. Die sich daraus ergebende Rasterung hat maßgeblichen Einfluss auf die Genauigkeit der berechneten Grenzen. Unter Umständen ist es möglich, die Frequenzabhängigkeit zu eliminieren und damit die Grenzen in den Reglerkoeffizienten explizit zu berechnen. Diese Ansätze folgen bspw. der Methode der singulären Frequenzen [Baj06, Ack12]. Damit wird im PID geregelten Fall die Frequenzabtastung effektiv umgangen. Der wesentliche Nachteil der genannten Verfahren ist, dass sie bei komplexeren Reglerstrukturen oder höherdimensionalen Parameterräumen versagen [SA14]. Zudem können sie keine Grenzen für Systemparameter bestimmen. Daher wird im Folgenden ein Ansatz basierend auf der Lyapunov-Gleichung vorgestellt, welcher diese Nachteile nicht aufweist [SAS+15].

© Springer Fachmedien Wiesbaden GmbH, ein Teil von Springer Nature 2019
R. Voßwinkel, *Systematische Analyse und Entwurf von Regelungseinrichtungen auf Basis von Lyapunov's direkter Methode*, https://doi.org/10.1007/978-3-658-28061-1_5

5.1 Lyapunov-Ansatz zur Bestimmung aller stabilisierenden Parameter im Zustandsraum

Zu Beginn wird einführend dargestellt, wie mit Lyapunov-Ansätzen die Grenzen der stabilisierenden Parameter in den Parameterraum abgebildet werden können. Darauf aufbauend wird in Kapitel 6 aufgezeigt, wie der so entstehende Ansatz für weitere Kriterien erweitert werden kann. Für lineare zeitinvariante Systeme mit den unbekannten Parametern $k \in \mathbb{R}^p$ ergibt sich

$$\dot{x} = A(k)\,x; \quad A \in \mathbb{R}^{n \times n}, \quad x \in \mathbb{R}^n, \quad k \in \mathbb{R}^p \tag{5.1}$$

als Zustandsraumdarstellung. Die Parameter k gehen dabei stetig in die einzelnen Matrixelemente ein. Das System (5.1) kann entweder den offenen Regelkreis oder den geschlossenen Regelkreis mit den Regelparametern k beschreiben. Beim offenen Regelkreis stellt der Vektor k unbekannte oder unsichere Parameter dar. Mit (5.1) ergibt sich für die Lyapunov-Gleichung (2.12)

$$A^T(k)P + PA(k) = -Q. \tag{5.2}$$

Wie bereits in Abschnitt 2.3 erläutert, existiert für jede positiv definite Matrix $Q \in \mathbb{R}^{n \times n}$ eine positiv definite Matrix $P \in \mathbb{R}^{n \times n}$, welche die Gleichung (5.2) genau dann erfüllt, wenn System (5.1) asymptotisch stabil ist. Daher ist die Menge aller stabilisierenden Parameter durch die Vektoren k gegeben, für welche (5.2) mit einer positiv definiten Matrix P gelöst werden kann. Gleichung (5.2) kann ebenfalls in einer Vektorform [BS02, MM92] dargestellt werden:

$$\left(I \otimes A^T(k) + A^T(k) \otimes I\right)\mathrm{vec}(P) = -\,\mathrm{vec}(Q), \tag{5.3}$$

wobei I die $n \times n$ Einheitsmatrix und $\otimes$ das Kroneckerprodukt ist. Der Operator $\mathrm{vec}(\cdot)$ transformiert Matrizen in einen Spaltenvektor, indem diese spaltenweise angeordnet werden. Die Matrix P in (5.3) kann nun mittels des linearen Gleichungssystems

$$\mathrm{vec}(P) = -M^{-1}\,\mathrm{vec}(Q)$$

mit

$$M(k) = I \otimes A^T(k) + A^T(k) \otimes I \tag{5.4}$$

direkt berechnet werden.

Theorem 5.1 (Lyapunov-Stabilitätsgrenzen). *Sei* $M(k) = I \otimes A^T(k) + A^T(k) \otimes I$.

Ist die Matrix $A(k)$ an ihrer Stabilitätsgrenze, so hat die Determinante der Matrix $M(k)$ entweder den Wert 0 oder ∞.

Beweis. Es existieren drei Möglichkeiten, wie ein System seine Stabilität ändern kann (z. B. [Ack12]). Die erste Möglichkeit ergibt sich, wenn mindestens ein Eigenwert Null wird ($\lambda_i = 0$). Ein konjungiert komplexes Eigenwertpaar auf der imaginären Achse ($\lambda_{i,j} = \pm jw$) ist die zweite Möglichkeit. Die letzte Alternative entsteht, wenn mindestens ein Eigenwert gegen unendlich strebt ($\lambda_i \to \infty$). Um die getroffene Aussage zu beweisen, wird der Einfluss der Eigenwerte von $A(k)$ auf $M(k) = I \otimes A^T(k) + A^T(k) \otimes I$ betrachtet. Sei λ_i und v_i der i-te Eigenwert bzw. Eigenvektor von $A^T(k)$, dann gilt (z. B. [MM92]):

$$
\begin{aligned}
M(k)(v_i \otimes v_j) &= \\
\left(I \otimes A^T(k) + A^T(k) \otimes I\right)(v_i \otimes v_j) &= \\
\left(I \otimes A^T(k)\right)(v_i \otimes v_j) + \left(A^T(k) \otimes I\right)(v_i \otimes v_j) &= \\
\left(Iv_i \otimes A^T(k)v_j\right) + \left(A^T(k)v_i \otimes Iv_j\right) &= \\
\bar{\lambda}_j(v_i \otimes v_j) + \lambda_i(v_i \otimes v_j) &= \\
\left(\lambda_i + \bar{\lambda}_j\right)(v_i \otimes v_j)&,
\end{aligned}
$$

wobei $\bar{\lambda}_j$ der konjugiert komplexe Wert von λ_j ist. Somit sind die Eigenwerte von $M(k)$ durch $\lambda_i + \bar{\lambda}_j$ gegeben und die Determinante ergibt sich zu

$$
|M(k)| = \prod_{i=1}^{n} \prod_{j=1}^{n} (\lambda_i + \bar{\lambda}_j). \tag{5.5}
$$

Die Determinante $|M(k)|$ wird somit für die ersten beiden oben aufgeführten Möglichkeiten Null ($\lambda_i = 0, \lambda_{i,j} = \pm jw$). Sollte ein Eigenwert gegen unendlich streben ($\lambda_i \to \infty$), so strebt auch die Determinante $|M(k)|$ gegen unendlich. Die daraus entstehenden Parameterkonfigurationen begrenzen die Menge aller stabilisierenden Parameter k. $\square$

Anmerkung 5.1. *Aus Gleichung (5.5) ist ersichtlich, dass für punktsymmetrisch zum Koordinatenursprung liegende Eigenwerte (z. B. 5 und -5) die Determinante der Matrix M ebenfalls Null wird. Dies kann zu fiktiven Stabilitätsgrenzen führen. Diese schränken die Anwendbarkeit von Theorem 5.1 allerdings nicht ein. Die so entstehenden Grenzen sind unkritisch für die Berechnung des Stabilitätsgebietes, da die Position der Eigenwerte stetig in den Parametern k ist. Somit liegen die Grenzen zu den oben genannten Eigenwertkonstellationen im instabilen Bereich.*

In (5.5) sind einige Dopplungen wie $(\lambda_1 + \lambda_2)$ und $(\lambda_2 + \lambda_1)$ enthalten. Damit ergibt sich für $M(k)$ die Dimension $n^2 \times n^2$. Die symmetrische Matrix P besitzt allerdings maximal $n(n+1)/2$ unterschiedliche Elemente. Infolgedessen werden die doppelten Elemente durch Eliminations- und Duplikationsmatrizen entfernt [MN80]. Damit kann (5.3) zu

$$T^\dagger M(k) T \overline{\text{vec}}(P(k)) = -\overline{\text{vec}}(Q) \tag{5.6}$$

umformuliert werden, wobei T eine Duplikationsmatrix mit vollem Spaltenrang und die Eliminationsmatrix $T^\dagger$ ihre Moore-Penrose Inverse ist. Die Duplikationsmatrix T und die Eliminationsmatrix $T^\dagger$ sind unabhängig von den freien Parametern k und hängen lediglich von der Systemdimension ab. Außerdem besitzt $\overline{\text{vec}}(P(k))$ lediglich die $n(n+1)/2$ unabhängigen Parameter von P

$$\overline{\text{vec}}(P(k)) = \begin{bmatrix} P_{11} & \dots & P_{n1} & P_{22} & \dots \end{bmatrix}^T. \tag{5.7}$$

Mit diesem Ansatz ergeben sich die unabhängigen Parameter der originalen Matrix P über

$$\overline{\text{vec}}(P(k)) = M_T^{-1}(k)\overline{\text{vec}}(-Q) \tag{5.8}$$

mit

$$M_T(k) = T^\dagger M(k) T. \tag{5.9}$$

Der entsprechende Zusammenhang zwischen Eigenwerten und der Determinante von $M_T(k)$ ist

$$|M_T(k)| = \prod_{i=1}^n \prod_{j \geq i}^n (\lambda_i + \lambda_j). \tag{5.10}$$

Somit sind alle doppelten Eigenwertsummen eliminiert und damit die Dimension von $M_T(k)$ von $n^2 \times n^2$ auf $(n(n+1)/2) \times (n(n+1)/2)$ reduziert.

Beispiel 5.1 (System zweiter Ordnung). *Die in Theorem 5.1 genannten Bedingungen werden nun an dem System*

$$G(s) = \frac{K}{T^2 s^2 + 2dTs + 1} \tag{5.11}$$

illustriert [SAS+15]. Für die Systemmatrix des PID-geregelten Systems ergibt sich:

$$A = \begin{pmatrix} 0 & 1 & 0 \\ 0 & 0 & 1 \\ -\frac{KK_I}{T^2} & -\frac{1+KK_P}{T^2} & -\frac{2dT+KK_D}{T^2} \end{pmatrix}. \tag{5.12}$$

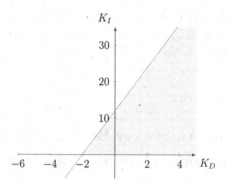

Abbildung 19 – Menge aller stabilisierenden Parameter für $K = T = d = 1$ und $K_p = 5$ des Systems (5.12)

Die resultierende Matrix M hat die Dimension $n^2 = 9$. Mit der Duplikationsmatrix

$$T = \begin{pmatrix} 1 & 0 & 0 & 0 & 0 & 0 \\ 0 & 0,5 & 0 & 0 & 0 & 0 \\ 0 & 0 & 0,5 & 0 & 0 & 0 \\ 0 & 0,5 & 0 & 0 & 0 & 0 \\ 0 & 0 & 0 & 1 & 0 & 0 \\ 0 & 0 & 0 & 0 & 0,5 & 0 \\ 0 & 0 & 0,5 & 0 & 0 & 0 \\ 0 & 0 & 0 & 0 & 0,5 & 0 \\ 0 & 0 & 0 & 0 & 0 & 1 \end{pmatrix} \qquad (5.13)$$

kann diese entsprechend Gleichung (5.9) zu einer Matrix der Dimension 6 reduziert werden. Mit $K = T = d = 1$ resultiert die Determinante

$$\det(M_T) = 8K_I(K_D - K_I + 2K_P + K_D K_P + 2). \qquad (5.14)$$

Wird $K_P = 5$ gewählt, ergibt sich:

$$\det(M_T) = 8K_I(6K_D - K_I + 12). \qquad (5.15)$$

Das sich daraus ergebende Stabilitätsgebiet zeigt Abbildung 19.

Im Vergleich zu bekannten Verfahren, wie z.B. Routh-Hurwitz Kriterien [Rei06], ist der wesentliche Vorteil dieser Methode die geringe Komplexität der resultierenden Bedingungen (vgl. (5.15)). Dies verdeutlicht ein Beispiel in Abschnitt 6.2.

Anmerkung 5.2 (Diskrete Systeme). *Mit der diskreten Lyapunov-Gleichung* $A^T(k)P(k)A(k) - P(k) = -Q$ *können auch Systeme der Form* $x_{\kappa+1} = A(k)x_\kappa$ *untersucht werden [EMS+16, PMS+17, VPS+19]. Die resultierende Matrix* $M(k) = A^T(k) \otimes A^T(k) - I \otimes I$ *besitzt an der Stabilitätsgrenze ebenfalls eine Determinante von Null.*

5.2 Lyapunov-Ansatz zur Bestimmung aller stabilisierenden Parameter für lineare Deskriptorsysteme

Der algebraische Ansatz zur Stabilitätsbestimmung aus dem vorherigen Abschnitt 5.1 wird im Folgenden auf lineare Deskriptorsysteme erweitert [VTRB17]. Grundlage dafür ist die in Abschnitt 2.4 eingeführte Gleichung

$$A^T PE + E^T PA = -E^T QE. \tag{5.16}$$

Die Gleichung (5.16) wird dazu ebenfalls in Vektornotation umgeformt:

$$\underbrace{(E^T \otimes A^T(k) + A^T(k) \otimes E^T)}_{M(k)} \text{vec}(P) = -\text{vec}(E^T QE). \tag{5.17}$$

Aufgrund der Singularität von E ist die Matrix M ebenfalls singulär und das lineare Gleichungssystem (5.17) unterbestimmt. Obwohl die Gleichungsstruktur von (5.17) der von (5.3) sehr ähnelt, sind die, auf der Determinante von M dargestellten Methoden, nicht direkt anwendbar. Basierend auf Überlegungen zur Lösung des linearen Gleichungssystems (5.16) kann M stets in die Form

$$M = \begin{pmatrix} M^{\aleph \times \aleph} & 0^{\aleph \times \beth} \\ 0^{\beth \times \aleph} & 0^{\beth \times \beth} \end{pmatrix} \tag{5.18}$$

überführt werden. Die konkreten Werte von $\aleph$ und $\beth$ sind vom jeweiligen Rangdefizit der Matrix E abhängig. Die entstehende Matrix $M^{\aleph \times \aleph}$ besitzt vollen Rang und steht in direktem Zusammenhang mit dem langsamen Teilsystem. Sie kann daher analog zur Matrix M des linearen Zustandsraumsystems verwendet werden [VTRB17]. Die Anwendung dieser Herangehensweise wird anhand des nachfolgenden Beispiels dargestellt.

Beispiel 5.2 (Chua-Schaltung). *Als Beispiel wird die in Abbildung 20 gezeigte Chua-Schaltung [Chu92] verwendet. Diese stellt einen chaotischen Oszillator dar. Das chaotische Verhalten wird über eine spannungsgesteuerte Stromquelle erzeugt, welche als* Chua-Diode *bezeichnet wird. Die Diode kann über eine stückweise lineare Funktion, bestehend aus drei Abschnitten,*

$$\bar{\Gamma}(u_1) = -G_0 u_1 - \frac{1}{2}(G_1 - G_0)\left[|u_1 + 1| - |u_1 - 1|\right] \tag{5.19}$$

modelliert werden [Ken92] (siehe Abbildung 21). Die Verstärkungen G_0 und G_1 werden so gewählt, dass das System drei Ruhelagen besitzt. Eine davon befindet sich im Koordinatenursprung und die anderen zwei sind symmetrisch um den Koordinatenursprung angeordnet. Im Unterschied zu der ursprünglichen Motivation soll die Chua-Schaltung ein chaotisches und somit instabiles Verhalten aufweisen. Im konkreten Fall ist die Instabilität aller Ruhelagen notwendig. Die Parameter werden so bestimmt, dass ein sogenannter Double-Scroll-*Attraktor [Mat84] entsteht:*

1. *Die Verstärkung G_0 der äußeren linearen Segmente wird so gewählt, dass das resultierende lineare System ein instabiles, konjugiert komplexes Eigenwertpaar und einen stabilen reellen Eigenwert besitzt.*

2. *Die Verstärkung G_1 des inneren Segments wird so gewählt, dass das resultierende lineare System einen instabilen Eigenwert und ein stabiles, konjugiert komplexes Eigenwertpaar besitzt.*

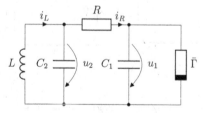

Abbildung 20 – Chua-Schaltung [VTRB17]

Daher werden destabilisierende Verstärkungen der Chua-Diode gesucht. Dieses Ziel kann über die Stabilitätsanalyse eines Deskriptorsystems erfolgen. Ausgehend von dem in Abbildung 20 dargestellten Schaltplan kann die Chua-Schaltung über Kirchhoffs Strom- und Spannungsgesetz modelliert werden. Unter der Berücksichtigung, dass ein instabiles Verhalten erzeugt werden soll, wird die nichtlineare Funktion $\bar{\Gamma}$ in einem

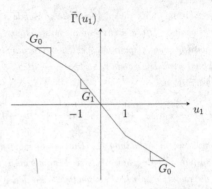

Abbildung 21 – Kennlinie der Chua-Diode [VTRB17]

der äußeren Segmente mit der linearen Funktion

$$\Gamma(u_1) = -G_0 u_1$$

betrachtet. Erfolgt derselbe Ansatz mit dem inneren Segment, dann wird entsprechend G_1 anstatt G_0 verwendet. Mit dieser Approximation und den Deskriptorvariablen $(u_1, u_2, i_L, i_R)^T$ ergibt sich das Deskriptorsystem:

$$\underbrace{\begin{pmatrix} 0 & C_2 & 0 & 0 \\ C_1 & 0 & 0 & 0 \\ 0 & 0 & L & 0 \\ 0 & 0 & 0 & 0 \end{pmatrix}}_{E} \begin{pmatrix} \dot{u}_1 \\ \dot{u}_2 \\ \dot{i}_L \\ \dot{i}_R \end{pmatrix} = \underbrace{\begin{pmatrix} 0 & 0 & 1 & -1 \\ G_0 & 0 & 0 & 1 \\ 0 & -1 & 0 & 0 \\ 1 & -1 & 0 & \dfrac{1}{G} \end{pmatrix}}_{A} \begin{pmatrix} u_1 \\ u_2 \\ i_L \\ i_R \end{pmatrix} \tag{5.20}$$

mit dem Leitwert $G = 1/R$.

Um die zuvor dargestellten Verfahren anwenden zu können, müssen die Regularität und Impulsfreiheit von (5.20) nachgewiesen werden. Dazu wird die Determinante

$$\det(sE - A) = \frac{s^3 + (10 - 9G_0)s^2 + (7 - 9GG_0)s + 63G - 63G_0}{63G} \tag{5.21}$$

berechnet. Für die Parameter wird $(C_1, C_2, L) = (\frac{1}{9}, 1, \frac{1}{7})$ gewählt. Da die Determinante (5.21) von Null verschieden ist, ist das System regulär. Weiterhin gilt $\deg \det(sE - A) = \operatorname{rang} E = 3$, damit ist das System ebenfalls impulsfrei.

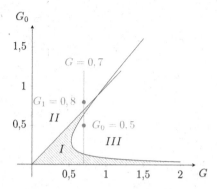

Abbildung 22 – Stabilitätsgrenzen der Chua-Schaltung [VTRB17]

Mit dem bestimmten Modell resultiert eine 16×16 Matrix M mit der Form

$$M = \begin{pmatrix} M^{15\times15} & 0 \\ 0 & 0 \end{pmatrix}. \tag{5.22}$$

Für die Determinante der Matrix $M^{15\times15}$ ergibt sich

$$\det(M^{15\times15}) = \frac{8(G-G_0)(81G_0^2 - 90GG_0 + 7)^2}{3938980639167G^4}. \tag{5.23}$$

Die Bedingungen $\det(M^{15\times15}) \to \infty$ und $\det(M^{15\times15}) = 0$ von (5.23) ergeben die Grenzen

$$G = G_0, \quad G = \frac{81G_0^2 + 7}{90G_0}, \quad G = 0, \quad G \to \infty. \tag{5.24}$$

Das lineare System ist asymptotisch stabil in dem Gebiet I in Abbildung 22. Allerdings muss hier eine instabile Linearisierung erzeugt werden. Für den Leitwert G wird wie in [Ken92] der Wert $G = 0,7$ verwendet. Diese Wahl wird durch die vertikale Gerade in Abbildung 22 illustriert. Der Parameter $G_0 = 0,5$ wird aus dem Gebiet III gewählt, wohingegen der Parameter $G_1 = 0,8$ aus dem Gebiet II stammt. Wie gewünscht, ergibt sich in beiden Fällen ein instabiles Verhalten (vgl. [Ken92]). Um die Grenzen in G_1 zu berechnen, sind prinzipiell die gleichen Berechnungen notwendig, die zuvor mit G_0 durchgeführt wurden. Die gleichen Ergebnisse können auch über die in Abschnitt 4.2.2 vorgestellte Methodik bestimmt werden [VTRB17].

Der hier dargestellte Ansatz wird im nächsten Kapitel verwendet, um die Parameter zu bestimmen, welche restriktivere Anforderungen an das System garantieren.

6 Reglerentwurf

Während die vorangegangenen Kapitel sich der Analyse unterschiedlicher System-klassen und unterschiedlicher Stabilitätseigenschaften gewidmet haben, werden in diesem Kapitel Konzepte zum systematischen Entwurf von Regeleinrichtungen vorgestellt. Dabei dienen die zuvor gewonnenen Erkenntnisse aus den Kapiteln 4 und 5 als Grundlage. Ziel dabei ist es, neben der bloßen Stabilisierung weitere bzw. restriktivere Anforderungen an den geschlossenen Regelkreis zu realisieren. Beginnend wird dazu das Konzept der Regelungs-Lyapunov-Funktion eingeführt.

6.1 Regelungs-Lyapunov-Funktionen

6.1.1 Regelungs-Lyapunov-Funktionen für polynomiale Systeme

Betrachtet wird das System

$$\dot{x} = F(x, u), \tag{6.1}$$

mit dem Zustand $x(t) \in \mathbb{R}^n$, dem Stellgrößenvektor $u(t) \in \mathbb{R}$ und dem Vektorfeld $F : \mathbb{R}^n \times \mathbb{R} \to \mathbb{R}^n$. Das System (6.1) habe die einzige Ruhelage

$$x_\mathrm{R} = 0 \quad (\text{für } u = 0).$$

Als *Regelungs-Lyapunov-Funktion* (engl. control Lyapunov function, kurz: CLF) wird eine glatte, positiv definite und radial unbeschränkte Funktion $V : \mathbb{R}^n \to \mathbb{R}^+$ bezeichnet, mit der die Stellgröße u einer Regelstrecke (6.1) so gewählt werden kann, dass die zeitliche Ableitung dieser Funktion

$$\dot{V}(x, u) = L_F V(x, u) \tag{6.2}$$

negativ definit ist [SJK97, Ada14].

Für das eingangs-affine System

$$\dot{x} = f(x) + g(x)u \tag{6.3}$$

lässt sich diese Aussage im sogenannten Artstein-Sontag-Theorem zusammenfassen [Art83].

© Springer Fachmedien Wiesbaden GmbH, ein Teil von Springer Nature 2019
R. Voßwinkel, *Systematische Analyse und Entwurf von Regelungseinrichtungen auf Basis von Lyapunov's direkter Methode*, https://doi.org/10.1007/978-3-658-28061-1_6

Theorem 6.1 (Artstein-Sontag-Theorem). *Ein System der Form* (6.3) *ist mit einer Zustandsrückführung* $u = k(x)$ *genau dann global asymptotisch stabilisierbar, wenn eine positiv definite, radial unbeschränkte Funktion V mit*

$$\inf_u (L_f V(x) + L_g V(x) u) < 0, \quad \forall x \neq 0 \qquad (6.4)$$

existiert. Die Funktion V ist dann eine Regelungs-Lyapunov-Funktion.

Die Bedingung (6.4) kann auch über die Aussage

$$L_g V(x) = 0 \implies L_f V(x) < 0 \qquad (6.5)$$

charakterisiert werden, d. h. wenn über den Stelleingang kein Zugriff auf die Systemdynamik ($L_g V(x) = 0$) existiert, muss das System in seiner Eigendynamik stabil sein ($L_f V(x) < 0$).

Theorem 6.1 wurde von Artstein [Art83] formuliert und von Sontag [Son89a] konstruktiv mit dem Regelgesetz

$$u = k(x) = \begin{cases} 0 & \text{für } L_g V(x) = 0 \\ -\frac{1}{L_g V(x)} \left(L_f V(x) + \sqrt{(L_f V(x))^2 + (L_g V(x))^4} \right) & \text{für } L_g V(x) \neq 0 \end{cases}$$
$$(6.6)$$

bewiesen. Dieses Regelgesetz, welches auch als *Formel von Sontag* bekannt ist, ist global asymptotisch stabilisierend und nahezu glatt. Nahezu glatt bedeutet hier, dass das Regelgesetz außerhalb des Koordinatenursprungs glatt und stetig im Koordinatenursprung ist. Mit diesem Regelgesetz gilt für den geschlossenen Regelkreis

$$\dot{V}(x) = L_f V(x) + L_g V(x) u = \begin{cases} L_f V(x) < 0 & \text{für } L_g V(x) = 0, x \neq 0. \\ -\sqrt{(L_f V(x))^2 + (L_g V(x))^4} & \text{für } L_g V(x) \neq 0, x \neq 0. \end{cases}$$

Aufbauend auf (6.6) wurden weitere Regelgesetze für Steuergrößen mit beschränkten Amplituden [LS91], positiven Steuergrößen [LS95] und Steuergrößen beschränkt auf Minkowski-Funktionale [MS99] entwickelt.

Darüber hinaus ist das Regelgesetz (6.6) optimal bezüglich des Kostenfunktionals [Son98, FK96, Rö17]

$$J = \int_0^\infty a(x) + b(x) u^2 dt \qquad (6.7)$$

mit

$$b(x) = \frac{1}{2k(x)} L_g V(x) \quad \text{und} \quad a(x) = \frac{1}{4b(x)} (L_g V(x))^2 - L_f V(x). \tag{6.8}$$

Hier sei erwähnt, dass die Stabilisierung des Systems (6.3) auch über den einfachen Ansatz

$$u = -L_g V(x) \tag{6.9}$$

erfolgen kann, wenn $L_f V(x) \leq 0$ gilt. Denn mit diesem Regelgesetz ergibt sich für die zeitliche Ableitung der Lyapunov-Funktion

$$\dot{V}(x) = L_f V(x) + L_g V(x) u = \begin{cases} L_f V(x) \leq 0 & \text{für } L_g V(x) = 0, x \neq 0 \\ L_f V(x) - (L_g V(x))^2 & \text{für } L_g V(x) \neq 0, x \neq 0 \end{cases}. \tag{6.10}$$

Da $-(L_g V(x))^2 \leq 0$ und $L_f V(x) \leq 0$ sind, ist auch $\dot{V}(x) \leq 0$. Darüber hinaus ist die Ableitung $\dot{V}(x)$ lediglich Null, wenn sowohl $L_g V(x) = 0$ als auch $L_f V(x) = 0$ sind. Im nicht eingangs-affinen Fall (6.1) resultiert

$$\inf_u L_F V(x, u) < 0 \tag{6.11}$$

als Bedingung für die Regelungs-Lyapunov-Funktion.

Es ergibt sich nun die Frage, ob eine geeignete Lyapunov-Funktion V existiert, so dass (6.5) erfüllt wird. Um mit QE-Methoden eine geeignete CLF bestimmen zu können, werden die Bedingungen (6.4) und (6.11) in die pränexen Aussagen [VR19a]:

$$\exists q \forall x \exists u : x \neq 0 \implies L_f V(x, q) + L_g V(x, q) u < 0 \tag{6.12}$$

bzw.

$$\exists q \forall x \exists u : x \neq 0 \implies L_F V(x, u, q) < 0 \tag{6.13}$$

umformuliert. Dabei ist $q \in \mathbb{R}^l$ der Vektor der zu bestimmenden Entwurfsparameter der Lyapunov-Funktion V. Die Quantorenreihenfolge in (6.12) und (6.13) ist entscheidend für die Aussage. Denn es wird die Existenz einer Parameterkonfiguration $q \in \mathbb{R}^l$ gesucht, so dass mit dieser für alle Zustände x ein Eingang u existiert, der die Bedingungen erfüllt. Dementsprechend ist der Quantor an q ganz außen, der Allquantor der Zustände in der Mitte und innen der Existenzquantor des Eingangs angeordnet. Das nachfolgende Beispiel [Ada14, Abschnitt 5.6.3] verdeutlicht dies.

Beispiel 6.1 (Regelungs-Lyapunov-Funktion mit QE). *In diesem Beispiel wird eine*

Regelungs-Lyapunov-Funktion für das System

$$\dot{x} = \begin{pmatrix} x_1^2 - x_1 + x_2 \\ u \end{pmatrix} = \begin{pmatrix} x_1^2 - x_1 + x_2 \\ 0 \end{pmatrix} + \begin{pmatrix} 0 \\ 1 \end{pmatrix} u \qquad (6.14)$$

gesucht. Mit $V_1(x,q) = q_1 x_1^2 + q_2 x_2^2$ *ergibt sich*

$$\exists q_1, q_2 \forall x_1, x_2 \exists u : x_1 \neq 0 \lor x_2 \neq 0 \implies V_1 > 0 \land L_f V_1 + L_g V_1 u < 0 \qquad (6.15)$$

als Bedingung dafür, ob eine CLF der Form $V_1(x,q) = q_1 x_1^2 + q_2 x_2^2$ *für das System* (6.14) *existiert. Werden die Quantoren der pränexen Aussage* (6.15) *mit QE-Methoden eliminiert, so ergibt sich direkt die Aussage* **false**. *Daher existiert keine CLF der Form* V_1 *für das gegebene System. Wird stattdessen* $V_2(x,q) = q_1 x_1^2 + (q_2 x_2 + q_3 x_1^2 + q_4 x_1)^2$ *als Lyapunov-Ansatz verwendet, wird für die Aussage*

$$\exists q_1, q_2, q_3, q_4 \forall x_1, x_2 \exists u : x_1 \neq 0 \lor x_2 \neq 0 \implies V_2 > 0 \land L_f V_2 + L_g V_2 u < 0 \qquad (6.16)$$

ein **true** *zurückgegeben. Daher existiert eine CLF der Form* V_2. *Wird auf die Quantoren der Parameter* q_1, q_2 *und* q_3 *verzichtet, ergibt sich:*

$$q_1 > 0 \land q_3 \neq 0 \land q_2 - q_3 = 0 \qquad (6.17)$$

als Bedingung für die CLF. Werden diese Bedingungen berücksichtigt und entfernt man ebenfalls den Quantor von q_4, *so entsteht die Bedingung:*

$$(-q_2 \leq 0 \lor q_2 + q_4 \leq 0) \land (q_2 \leq 0 \lor -q_2 - q_4 \leq 0) \land -q_1 < 0 \land q_2 \neq 0 \qquad (6.18)$$
$$\land q_2 + q_4 \neq 0 \land -q_4^2 - q_1 \leq 0 \land -q_2^2 - 2q_2 q_4 - q_4^2 - q_1 < 0.$$

Mit der Wahl $q_1 = q_2 = q_3 = 1$ *muss der Parameter* $q_4 > -1$ *gewählt werden. Für die Bestimmung eines stabilisierenden Regelgesetzes wird* q_4 *ebenfalls zu 1 gewählt. Mit* (6.6) *kann nun eine stabilisierende Rückführung entworfen werden. Dazu werden die Lie-Ableitungen* $L_g V(x) = 2x_1^2 + 2x_1 + 2x_2$ *und* $L_f V(x) = (2x_1 + 2(2x_1 + 1)(x_1^2 + x_1 + x_2))(x_1^2 - x_1 + x_2)$ *in das Regelgesetz* (6.6) *eingesetzt.*

Der resultierende Verlauf der Zustände, mit den Anfangswerten $x_1(0) = x_2(0) = 1$, *ist in Abbildung 23 dargestellt. In den pränexen Formulierungen* (6.15) *und* (6.16) *wird die positive Definitheit der Lyapunov-Funktion ebenfalls berücksichtigt. Alternativ kann dies separat erfolgen und die sich ergebenden Bedingungen an die freien Variablen in* (6.15) *und* (6.16) *einbezogen werden.*

Die Bedingung (6.5) kann ebenfalls mit SOS-Methoden über den Positivstellensatz

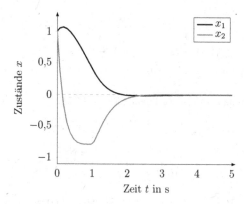

Abbildung 23 – Verlauf der Zustände x_1 und x_2 des, mit der CLF V_2, den Anfangswerten $x_1 = x_2 = 1$ und der aus der Sontags Formel (6.6) resultierender Rückführung, geregelten Systems (6.14) [VR19a]

überprüft werden [Tan06, TP04]. Dazu muss (6.5) in eine Bedingung von leeren Mengen umformuliert werden:

$$\{x \in \mathbb{R}^n | L_g V(x) = 0 \wedge L_f V(x) \geq 0 \wedge x \neq 0\} = \emptyset. \qquad (6.19)$$

Die Forderung, dass V eine positiv definite Funktion ist, wird über

$$\{x \in \mathbb{R}^n | -V(x) \geq 0 \wedge x \neq 0\} = \emptyset \qquad (6.20)$$

beschrieben. Unter Zuhilfenahme der Polynome $s_0, s_1, s_2, s_3 \in \mathcal{S}$ und $p, l_1, l_2 \in \mathcal{P}, l_1, l_2 > 0$, sowie den Konstanten $k_1, k_2 \in \mathbb{N}$, können mittels der Bedingungen (6.19) und (6.20) sowie dem Satz 3.1 die Bedingungen:

$$0 = s_0 - s_1 V + l_1^{2k_1} \qquad (6.21)$$
$$0 = s_2 + s_3 L_f V + l_2^{2k_2} + p L_g V \qquad (6.22)$$

aufgestellt werden. Dabei wurde die Bedingung $x \neq 0$ durch den polynomialen Ausdruck $l(x) \neq 0$, $l > 0$ ersetzt [TP04]. Um das Problem weiter zu vereinfachen und rechentechnisch besser handhaben zu können, werden die Festlegungen $k_1 = k_2 = 1$, $s_1 = l_1$, $s_0 = \tilde{s}_0 l_1$, $s_2 = \tilde{s}_2 l_2$, $s_3 = \tilde{s}_3 l_2$ und $p = \tilde{p} l_2$ getroffen [TP04, Tan06]. Damit ergibt sich:

$$l_1(\tilde{s}_0 - V + l_1) = 0 \implies V - l_1 = \tilde{s}_0 \tag{6.23}$$

$$l_2(\tilde{s}_2 + \tilde{s}_3 L_f V + l_2 + \tilde{p} L_g V) = 0 \implies -(\tilde{s}_3 L_f V + l_2 + \tilde{p} L_g V) = \tilde{s}_2 \tag{6.24}$$

und somit als eine hinreichende Bedingung für eine CLF

$$\exists s \in \mathcal{S}, \quad \tilde{p}, l_1, l_2 \in \mathcal{P}, \quad l_1, l_2 > 0, \text{ sodass}$$
$$V - l_1 \in \mathcal{S} \tag{6.25}$$
$$-(s L_f V + l_2 + \tilde{p} L_g V) \in \mathcal{S}.$$

Die Bedingungen (6.25) können nun mit *SOSTOOLS* überprüft werden. Sie ermöglichen allerdings nur einen gegebenen Kandidaten V auf seine Tauglichkeit als CLF zu prüfen. Soll auf diese Art eine CLF erzeugt, also die Koeffizienten von V als Entscheidungsvariablen behandelt werden, entstehen bilineare Nebenbedingungen [TP04, Tan06, JWFT+03]. Diese erzeugen in den resultierenden semidefiniten Programmen bilineare Matrixungleichungen (engl. bilinear matrix inequality, kurz: BMI) mit wesentlichen Nachteilen. So ist das Optimierungsproblem im Allgemeinen nicht mehr konvex und es ergibt sich eine wesentlich schlechtere Rechenkomplexität. Eine nützliche Eigenschaft ist allerdings, dass aus solch einer BMI eine LMI resultiert, wenn einer der beiden Parameter als konstant angenommen wird. Zum Lösen kann ein Parameter fixiert werden, während der andere optimiert wird. Im Anschluss daran wird der zuvor optimierte Parameter bei seinem berechneten Optimum fixiert und der zuvor konstante Parameter optimiert. Dabei geht die Optimalität des zuerst optimierten Parameters verloren. Deshalb muss dieser erneut optimiert werden. Auf diese Weise wird das Problem koordinatenweise und iterativ behandelt. Allerdings ist es bei dieser Herangehensweise möglich, dass lokale anstatt globale Minima gefunden werden oder der Algorithmus bei einer Lösung konvergiert, die nicht einmal ein lokales Minimum darstellt. Es existieren allerdings auch noch einige andere Ansätze zum Lösen bilinearer Probleme. Die derzeit einzige Software zum direkten Lösen von BMIs, die vom Autor ermittelt werden konnte, ist *PENBMI*, welche kommerziell vertrieben wird. Bei anderen Ansätzen werden bekannte Optimierungsalgorithmen verwendet, wie gradientenbasierende nichtlineare Optimierungsmethoden (z. B. *fmincon* [BGN00]) oder *Branch and Bound* [Dak65]. Bei einigen Systemen lassen sich die Struktureigenschaften ausnutzen und es entstehen quasi-konvexe Probleme [SB10].

Dennoch kann nicht garantiert werden, dass die Algorithmen zum globalen Minimum konvergieren. Im Allgemeinen hängt die resultierende Lösung von den Anfangsbedingungen des Lösungsalgorithmus ab.

6.1.2 Regelungs-Lyapunov-Funktionen für nicht-polynomiale Systeme

In diesem Abschnitt werden die Stabilitätsergebnisse aus Abschnitt 4.2.4 auf den Regelungsentwurf für nicht-polynomiale Systeme mit Regelungs-Lyapunov-Funktionen erweitert. Dazu werden die sich aus dem Umformungsprozess ergebenden Nebenbedingungen (T, G_1, G_2, G_D) in den Bedingungen (6.12) bzw. (6.13) berücksichtigt. Dies führt auf

$$\exists q \, \forall z_1, z_2 \, \exists u :$$
$$(z_1 = 0 \wedge z_2 = T(z_1 = 0) \wedge G_1 = 0 \wedge G_2 \geq 0 \wedge G_D \geq 0 \implies \tilde{V} = 0 \wedge \dot{\tilde{V}} = 0) \quad (6.26)$$
$$\wedge \, (z_1 \neq 0 \wedge z_2 = T(z_1) \wedge G_1 = 0 \wedge G_2 \geq 0 \wedge G_D \geq 0 \implies \tilde{V} > 0 \wedge \dot{\tilde{V}} \leq 0),$$

mit den Entwurfsparametern $q \in \mathbb{R}^l$ der Lyapunov-Funktion als entsprechende pränexe Aussage. Diese Aussage wird über QE-Techniken ausgewertet. Wie zuvor ergibt sich in der hier angegebenen Form lediglich **true** oder **false** als Resultat. Um einen CLF und damit einen Regler zu ermitteln, werden sukzessive die Existenzquantoren an den Entwurfsparameter entfernt. Dies wird nun anhand eines Beispiels dargestellt.

Beispiel 6.2 (reduziertes Furuta-Pendel). *Als Beispielsystem wird die Systembeschreibung des Furuta-Pendels aus den Beispielen 4.5 bzw. 3.5 betrachtet. Die untere Ruhelage ist nachweislich stabil. Im Folgenden wird das System über eine CLF geregelt. Dazu wird*

$$\tilde{V}(z, q) = q_1 z_1^2 + q_2 z_2^2 + q_3 z_3^2 + q_4 z_4^2 + q_5 z_4 + q_6 \quad (6.27)$$

als entsprechender Ansatz für die Lyapunov-Funktion verwendet. Zuvor wird $u = \dot{\theta}_a^2$ als Stellgröße gewählt. Die mit einer variablen Winkelgeschwindigkeit des Armes einhergehende Erweiterung der Dynamik (siehe Beispiel 3.5), wird hier vernachlässigt. Als zugehörige pränexe Aussage ergibt sich

$$\exists q_1, \dots, q_6 \, \forall z_1, \dots, z_4 \, \exists u : \quad (6.28)$$
$$\Big((z_1 \neq 0 \vee z_2 \neq 0) \wedge z_3^2 + z_4^2 - 1 = 0 \wedge (z_1 \neq 0 \implies z_4 \neq 0)\Big) \implies \tilde{V} > 0 \wedge \dot{\tilde{V}} \leq 0.$$

Nach der Quantorenelimination resultiert **true** *als quantorenfreies Äquivalent. Durch schrittweises Entfernen der Existenzquantoren von den Parametern q_i kann*

$$V(x) = x_1^2 + x_2^2 + \sin^2(x_1) + 2\cos^2(x_1) - 20\cos(x_1) + 18 \quad (6.29)$$

als CLF bestimmt werden. Die Stabilisierung bei $x_1 = \pi/2$, über das sich aus (6.6) ergebende Regelgesetz zeigt Abbildung 24. Um die dargestellte Herangehensweise zu

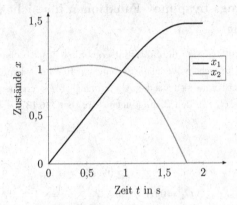

Abbildung 24 – Verlauf der Zustände x_1 und x_2 des mit der CLF (6.29) und der aus der Sontags-Formel (6.6) resultierenden Rückführung geregelten Furuta-Pendels

verwenden, um ein Furuta-Pendel zu regeln muss die gesamte Dynamik des Systems betrachtet werden.

6.1.3 ISS-Regelungs-Lyapunov-Funktionen

Reale Regelungssysteme werden häufig durch Störungen beeinflusst. Diese können beispielsweise durch Messrauschen, Störungen auf den Steuereingängen oder Beobachtungsfehler entstehen. Daher ist es sinnvoll sicherzustellen, dass der geschlossene Regelkreis robust gegen derartige Störungen ausgelegt ist. Mit anderen Worten, der geschlossene Regelkreis sollte ISS sein. In diesem Abschnitt wird dargestellt, wie basierend auf sogenannten *ISS-Regelungs-Lyapunov-Funktionen* (engl. ISS-Control Lyapunov Function, kurz: ISS-CLF) [SW95b, Wan96, KL98, LSW02, MS04] mittels QE eine Rückführung entworfen wird, die ein eingangs-zustands-stabiles Gesamtsystem erzeugt. Dazu wird von dem eingangs- und störungs-affinen System

$$\dot{x} = f(x) + g_1(x)w + g_2(x)u \tag{6.30}$$

mit dem Zustand $x(t) \in \mathbb{R}^n$, der Störung $w(t) \in \mathbb{R}$, dem Steuereingang $u(t) \in \mathbb{R}$, dem Systemvektorfeld $f : \mathbb{R}^n \to \mathbb{R}^n$ und den Eingangsfeldern $g_1, g_2 : \mathbb{R}^n \to \mathbb{R}^n$ ausgegangen. Das System (6.30) wird eingangs-zustands-stabilisierbar genannt, wenn ein Regelgesetz $u = k(x)$ mit $k(0) = 0$ existiert, so dass der geschlossene Regelkreis ISS bezüglich w ist. Basierend auf (2.39) und (6.4) wird die ISS-CLF definiert [KL98].

Definition 6.1 (ISS-Regelungs-Lyapunov-Funktion). *Eine positiv definite, radial unbeschränkte Funktion $V : \mathbb{R}^n \to R^+$ heißt ISS-Regelungs-Lyapunov-Funktion, wenn eine Funktion γ der Klasse K_∞ existiert, so dass für alle $x \neq 0$ und alle $w(t) \in \mathbb{R}$*

$$|x| \geq \gamma(|w|) \implies \inf_u (L_f V + L_{g_1} V w + L_{g_2} V u) < 0 \tag{6.31}$$

gilt.

Analog zur Bedingung (6.5) kann (6.31) über

$$L_{g_2} V = 0 \implies L_f V + |L_{g_1} V| \gamma^{-1}(|x|) < 0 \tag{6.32}$$

dargestellt werden [KL98]. Die Funktion $\gamma^{-1}(|x|)$ ist dabei ebenfalls eine Funktion der Klasse K_∞ (siehe z. B. [Kha02]). Die Äquivalenz zwischen ISS-Stabilisierbarkeit und der Existenz einer ISS-CLF wird im nachfolgenden Lemma angegeben.

Lemma 6.1 (ISS-Stabilisierbarkeit $\iff$ ISS-CLF [KK96]). *Das System* (6.30) *ist genau dann eingangs-zustands-stabilisierbar, wenn eine ISS-Regelungs-Lyapunov-Funktion existiert.*

Wurde eine entsprechende ISS-CLF gefunden, kann über die Rückführung

$$u = \begin{cases} -\frac{1}{2} \dfrac{L_f V + |L_{g_1} V| \gamma^{-1}(|x|) + \sqrt{(L_f V + |L_{g_1} V| \gamma^{-1}(|x|))^2 + (L_{g_2} V (L_{g_2} V)^T)^2}}{L_{g_2} V (L_{g_2} V)^T} (L_{g_2} V)^T, & L_{g_2} V \neq 0 \\ 0, & L_{g_2} V = 0 \end{cases}$$
$$\tag{6.33}$$

ein eingangs-zustands-stabiler geschlossener Regelkreis erzeugt werden [KL98]. Um mittels QE eine entsprechende Rückführung zu bestimmen, wird mit der Bedingung (6.31) über

$$\exists q, c \, \forall w, x \neq 0 \, \exists u : (|x| \geq \gamma(|w|) \implies L_f V + L_{g_1} V w + L_{g_2} V u < 0) \wedge V > 0 \tag{6.34}$$

die Existenz einer geeigneten ISS-CLF $V(x, q)$ und einer geeigneten Vergleichsfunktion $\gamma(|w|, c)$ überprüft. Sollten die angesetzten Funktionen die Bedingungen erfüllen, also sich **true** als Resultat von (6.34) aus dem QE-Prozess ergeben, so können explizite Funktionen $V(x)$ und $\gamma(|w|)$ durch Entfernen der Quantoren an q und c ermittelt werden. Anschließend wird mit (6.33) ein Regelgesetz bestimmt, mit welchem ein eingangs-zustands-stabiler geschlossener Regelkreis entsteht. Dies verdeutlicht das nachfolgende Beispiel.

Beispiel 6.3 (Regelung mittels ISS-CLF [Wan96]). *Für die nachfolgenden Betrachtungen wird das System*

$$\dot{x} = \underbrace{\begin{pmatrix} -x_1^3 + x_1 x_2^2 \\ 0 \end{pmatrix}}_{f} + \underbrace{\begin{pmatrix} x_1 \\ x_1 \end{pmatrix}}_{g_1} w + \underbrace{\begin{pmatrix} 0 \\ x_2 \end{pmatrix}}_{g_2} u \tag{6.35}$$

untersucht. Dazu wird der ISS-Lyapunov Ansatz $V(x,q) = q_1 x_1^2 + q_2 x_2^2$ und die Vergleichsfunktion $\gamma = c|w|$ für den Nachweis der Eingangs-Zustands-Stabilisierbarkeit verwendet. Da $|x| = \sqrt{x_1^2 + x_2^2}$ aufgrund der Wurzelfunktion im Allgemeinen nicht direkt bei der QE-Analyse verwendet werden kann, wird die Ungleichung $|x| \leq c|w|$ quadriert. Damit ergibt sich die Bedingung:

$$\exists q_1, q_2, \bar{c} \, \forall x_1, x_2, w \, \exists u : q_1 > 0 \wedge q_2 > 0 \wedge \bar{c} > 0 \wedge \tag{6.36}$$
$$(x_1^2 + x_2^2 \geq \bar{c} w^2 \implies -2q_1 x_1^4 - 2q_1 x_1^2 x_2^2 + 2q_1 x_1^2 w + 2q_2 x_2^2 u + 2q_2 x_1 x_2 w < 0).$$

Als Ergebnis der Quantoreneliminination ergibt sich `false`. Wird allerdings der Allquantor an den Variablen w oder x_1 entfernt, ergibt sich `true`. Wenn der Quantor an x_2 entfernt wird, ergibt sich $x_2 \neq 0$. Dies scheint verwunderlich, da eine zusätzliche Bedingung an die nun freien Variablen zu erwarten war. Dies ist jedoch nicht der Fall. Um diesen Sachverhalt zu erläutern, wird $V(x) = \frac{1}{2}(x_1^2 + x_2^2)$ gewählt (vgl. [Wan96]). Werden zusätzlich die Quantoren an w und $\bar{c}$ entfernt, ergibt sich aus der angepassten Bedingung (6.36):

$$(-w \leq 0 \vee \bar{c} w < 1) \wedge (w = 0 \vee \bar{c} w - 1 \neq 0) \wedge (w \leq 0 \vee -\bar{c} w < -1) \wedge -\bar{c} < 0. \tag{6.37}$$

Das resultierende Lösungsgebiet verdeutlicht Abbildung 25. Es ist zuerkennen, dass es zwar für jeden einzelnen Wert von w einen entsprechenden Wert von $\bar{c}$ gibt, der die Bedingungen erfüllt, aber eben nicht einen Wert für alle Werte von w. Ein ähnliches Verhalten ergibt sich, wenn der Quantor an x_1 entfernt wird:

$$(x_1 = 0 \vee -\bar{c} x_1^2 < -1) \wedge -\bar{c} < 0. \tag{6.38}$$

Auch hier gilt dieselbe Argumention. Daher eignen sich die gewählten Funktionen nicht für den ISS-CLF-Regelungsentwurf. Dem kann Abhilfe geschaffen werden, indem eine andere Vergleichsfunktion verwendet wird. Mit der Ungleichung $x_1^2 + x_2^2 > \bar{c}|w|$ ist das Problem lösbar und alle Funktionen $V(x,q) = q_1 x_1^2 + q_2 x_2^2$ mit $q_1 > 0$ und $q_2 > 0$ eignen sich als ISS-CLF. SyNRAC erlaubt es, direkt die Funktion $\mathrm{abs}(\cdot)$ für den Betrag zu verwenden. Bei anderen Werkzeugen ist es gegebenenfalls notwendig

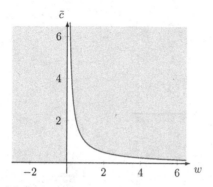

Abbildung 25 – Lösungsgebiet der quantorenfreien Aussage (6.37) [VR19a]

den Betrag über die Implikationen $(w < 0 \implies -w) \wedge (w > 0 \implies w)$ darzustellen. Der Einfachheit halber wird für den weiteren Entwurf $q_1 = q_2 = 1$ gewählt. Der Faktor $\bar{c}$ muss dann größer als 1 sein. Für die weitere Rechnung wird $\bar{c} = 2$ verwendet. Damit kann aus (6.33) ein geeigneter Regler entworfen werden. In Abbildung 26 wird dargestellt, wie unterschiedliche Störungen auf die Zustände wirken. Dabei wurde für den Zustand x_1 stets der Anfangswert auf $x_{10} = 1$ gewählt. Da die Störung w als Produkt mit dem Zustand x_1 auftritt, würde diese keine Auswirkungen bei $x_1 = 0$ besitzen. Abbildung 26a stellt das Verhalten der Zustände bei einer sprunghaften Störung dar. Diese wird zwar nicht ausgeregelt, allerdings bleibt die resultierende Regeldifferenz begrenzt. Die beiden Abbildungen 26b-26c zeigen die Systemantwort bei sinus- und rechteckförmiger Erregung. Die sinusförmige Störung wird stark gedämpft, wohingegen die rechteckförmige Erregung eine Systemantwort mit verhältnismäßig hohen Amplituden erzeugt. Mit steigender Frequenz des Rechtecksignals nähert sich das Systemverhalten dem der sprungförmiger Anregung an. Dies veranschaulicht das Tiefpassverhalten des Gesamtsystems. Weiterhin wird das Tiefpassverhalten durch Abbildung 26d verdeutlicht. In dieser Abbildung wird die Systemantwort bei einem Chirp-Signal dargestellt. Die Amplituden der Zustandssignale verkleinern sich mit zunehmender Frequenz. Die angeführten Versuche validieren die Eingangs-Zustands-Stabilität des Systems, da die Annahme nicht falsifiziert wird.

Nachdem in diesem Abschnitt der Regelungsentwurf für nichtlineare Systeme mittels Regelungs-Lyapunov-Funktionen dargestellt wurde, erfolgt im nächsten Abschnitt der Entwurf von Reglern für LTI-Systeme im Zustandsraum. Dazu werden die Ergebnisse aus Abschnitt 5.1 erweitert.

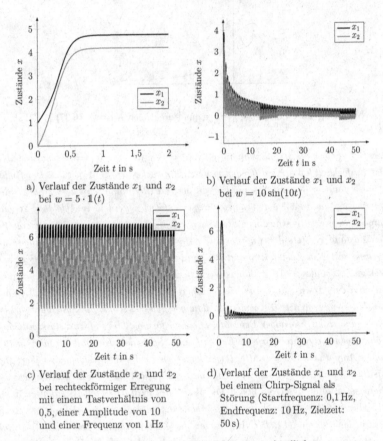

a) Verlauf der Zustände x_1 und x_2
   bei $w = 5 \cdot \mathbb{1}(t)$

b) Verlauf der Zustände x_1 und x_2
   bei $w = 10\sin(10t)$

c) Verlauf der Zustände x_1 und x_2
   bei rechteckförmiger Erregung
   mit einem Tastverhältnis von
   0,5, einer Amplitude von 10
   und einer Frequenz von 1 Hz

d) Verlauf der Zustände x_1 und x_2
   bei einem Chirp-Signal als
   Störung (Startfrequenz: 0,1 Hz,
   Endfrequenz: 10 Hz, Zielzeit:
   50 s)

Abbildung 26 – Verhalten des Beispiels 6.3 bei unterschiedlichen
                   Eingangsstörungen [VR19a]

6.2 Güteanforderungen an lineare Zustandsraumsysteme

6.2.1 Grundidee

Mit der im Abschnitt 5.1 vorgestellten Methode können für Systeme der Form $\dot{x} = A(k)x$ analytisch alle Parameter k bestimmt werden, die das System stabilisieren. Somit können für den geschlossenen Regelkreis die Reglerparameter ermittelt werden, die das System stabilisieren. Allerdings ist es häufig nicht hinreichend, lediglich Stabilität zu garantieren, vielmehr müssen gewisse Güteanforderungen eingehalten werden. In diesem Abschnitt werden die Einstellzeit, Dämpfung, Eigenfrequenz und die Kennkreisfrequenz als solche Gütekriterien genauer analysiert. Diese Kriterien können über bestimmte Regionen der Eigenwerte der Matrix $A(k)$ in der komplexen Ebene realisiert werden. Die jeweiligen Gütegebiete zeigt Abbildung 27. Die Einstellzeit wird dabei über ς beschrieben, wobei die Dämpfung mit dem Wert ϕ korreliert. Die Eigenfrequenz und die Kennkreisfrequenz werden über ω_0 bzw. ω_D charakterisiert. Die in diesem Abschnitt dargestellten Ergebnisse beruhen auf [PVS+18] und [VPS+19]. Die Grundidee ist eine entsprechende Ersatzmatrix $\mathcal{A}(k)$ zu finden, deren Eigenwerte auf der Stabilitätsgrenze liegen, wenn die Matrix $A(k)$ Eigenwerte an der Grenze des jeweiligen Gütebereiches besitzt (siehe Abbildung 27). Um den Rechenaufwand nicht zu erhöhen, sollte die entsprechende Ersatzmatrix $\mathcal{A}(k)$ dabei nicht wesentlich komplexer als $A(k)$ werden. Wenn eine probate Matrix $\mathcal{A}(k)$ bekannt ist, kann der Ansatz aus Abschnitt 5.1 zur Analyse dieser Matrix verwendet werden. Dabei entstehen die Grenzen für die jeweilige Güteanforderung der Matrix $A(k)$. Die Konstruktion der Ersatzmatrix $\mathcal{A}(k)$ wird für die einzelnen Kriterien separat dargestellt. Sollten für mehrere Kriterien entsprechende Anforderungen existieren, können diese unabhängig voneinander untersucht werden. Die Schnittmenge der resultierenden Gebiete ergibt dann die gesuchten Grenzen an die Parameter k.

Weiterhin muss gelten, dass die Matrizen $\mathcal{A}(k)$ nur Eigenwerte an den Stabilitätsgrenzen aufweisen, wenn $A(k)$ Eigenwerte an der Gütegrenze besitzt. Es sollten also keine zusätzlichen, fiktiven Grenzen entstehen. Allerdings sind fiktive Grenzen ein bekanntes Problem bei Parameterraum-Ansätzen [Ack12]. Sie werden daher in Abschnitt 6.2.3 genauer betrachtet.

6.2.2 Einstellzeit

Um zu überprüfen, ob das System $A(k)$ eine bestimmte Einstellzeit besitzt, müssen alle Eigenwerte $\lambda_i(k)$ von $A(k)$ auf der linken Seite der Achse $-\varsigma \pm j\omega$ mit $\omega \in \mathbb{R}^+$

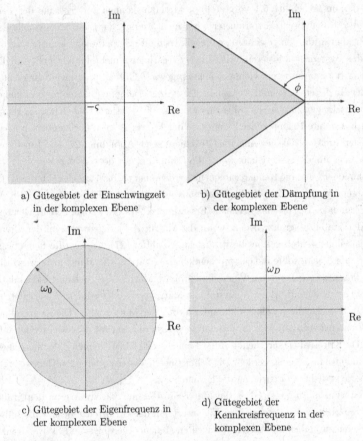

a) Gütegebiet der Einschwingzeit
   in der komplexen Ebene

b) Gütegebiet der Dämpfung in
   der komplexen Ebene

c) Gütegebiet der Eigenfrequenz in
   der komplexen Ebene

d) Gütegebiet der
   Kennkreisfrequenz in der
   komplexen Ebene

Abbildung 27 – Gütegebiete in der komplexen Ebene [VPS+19]

und $\varsigma \geq 0$ liegen. Dies führt zu folgendem Satz:

Satz 6.1 (Einstellzeit). *Wenn das System $\dot{x} = A(k)x$ mindestens einen Eigenwert auf der Geraden $-\varsigma \pm j\omega$ besitzt, dann besitzt die Ersatzmatrix*

$$\mathcal{A}(k) = A(k) + \varsigma I \qquad (6.39)$$

mindestens einen Eigenwert auf der imaginären Achse.

Beweis. Sei v_i der zu dem Eigenwert λ_i der Matrix $A(k)$ zugehörige Eigenvektor. Dann gilt der Zusammenhang

$$\mathcal{A}(k)\, v_i = A(k)\, v_i + \varsigma I\, v_i = (\lambda_i + \varsigma)\, v_i. \qquad (6.40)$$

Besitzt $A(k)$ Eigenwerte an der Gütegrenze $-\varsigma \pm j\omega$, dann hat $\mathcal{A}(k)$ Eigenwerte bei $\pm j\omega$. Damit ist die Ersatzmatrix $\mathcal{A}(k)$ an ihrer Stabilitätsgrenze, wenn sich $A(k)$ an ihrer Gütegrenze befindet. $\qquad \Box$

Somit können die Gütegrenzen bestimmt werden, indem die zuvor in Abschnitt 5.1 vorgestellte Prozedur an der Matrix $\mathcal{A}(k)$ durchgeführt wird.

Anmerkung 6.1. *Bei dem hier vorgestellten Ablauf entstehen keine zusätzlichen, fiktiven Grenzen. Allerdings bleiben die in Anmerkung 5.1 erwähnten fiktiven Grenzen erhalten. Diese werden allerdings mit der um ς verschobenen Grenze, ebenfalls verschoben.*

Der Parameter ς kann ein durch die Aufgabenstellung vorgegebener fester Wert sein oder als zusätzliche Unbekannte dem Vektor k hinzugefügt werden. Bei einem fest gewählten ς ist der notwendige Rechenaufwand bei A und $\mathcal{A}$ nahezu identisch, da sie die gleiche Dimension besitzen und sich die Ordnung der entstehenden Polynome in k nicht ändert. Das gilt auch für den neuen Parameter ς, da ς nicht mit $A(k)$ multipliziert wird. Allerdings muss eine zusätzliche Variable ausgewertet werden, was den Rechenaufwand erhöht. Für $\varsigma = 0$ ergeben sich dieselben Gleichungen wie in Abschnitt 5.1.

Bereits im Kapitel 5 wurde der geringere Rechenaufwand als ein wesentlicher Vorteil des vorgestellten Lyapunov-Ansatzes herausgestellt. Dies verdeutlicht das nachfolgende Beispiel [VPS+19].

Beispiel 6.4 (Rechenaufwand). *Da sich der Einsparungseffekt mit zunehmender*

Tabelle 6 – Vergleich der Anzahl und Ordnung der Polynome, die sich aus der Systemmatrix (6.41) ergebenden Polynomkonstellationen für das vorgestellte Verfahren und das Routh-Hurwitz-Verfahren. [VPS+19]

Grad	1	2	3	4	5	6	10
vorgestelltes Verfahren	-	-	-	-	-	-	1
Routh-Hurwitz	3	2	3	2	2	1	1

Systemordnung vergrößert, wird im Folgenden die Systemmatrix

$$A = \begin{pmatrix} 0 & 1 & 0 & 0 & 0 \\ 0 & 0 & 1 & 0 & 0 \\ 0 & 0 & 0 & 1 & 0 \\ 0 & 0 & 0 & 0 & 1 \\ -21 - 10K & -48 - 3K & -49 - 2K & -27 - 20K & -8 \end{pmatrix} \tag{6.41}$$

analysiert. Für die nachfolgenden Berechnungen werden die Parameter ς und K als unbekannt betrachtet. Wird nun die Matrix (6.41) untersucht, ergeben sich für den hier vorgestellten Lyapunov-Ansatz und für das Routh-Hurwitz-Kriterium die in Tabelle 6 aufgeführten Polynomkonstellationen. Dabei wurden Terme der Form $\varsigma^m K^{(n-m)}$ als Grad n angenommen. Es ist ersichtlich, dass der sich ergebende Rechenaufwand für den Lyapunov-Ansatz wesentlich geringer ist.

6.2.3 Dämpfung

Auf ähnliche Weise wie bei der Einstellzeit kann auch für die Dämpfung eine Ersatzmatrix definiert werden, mit welcher das Dämpfungs- in ein Stabilisierungsproblem überführt wird. Im Nachfolgenden wird der schwach gedämpfte bzw. unterkritisch gedämpfte Fall betrachtet. Damit ergibt sich für den Dämpfungsgrad $D \in [0, 1)$. Diese Dämpfungseigenschaften können in der komplexen Ebene über einen Kegel mit dem Winkel $\phi \in [0, \frac{\pi}{2})$ beschrieben werden (siehe Abbildung 27b). Die Verbindung zwischen D und ϕ ist über

$$D = \sin(\phi) \tag{6.42}$$

gegeben. Im nachfolgenden Satz wird eine Ersatzmatrix vorgestellt, die diese Dämpfungsanforderungen in ein Stabilitätsproblem überführt.

Satz 6.2 (Dämpfung). *Die Ersatzmatrix $\mathcal{A}(k) = A(k) - j\tan(\phi)A(k)$ befindet sich auf ihrer Stabilitätsgrenze, wenn die Matrix $A(k)$ mindestens einen Eigenwert auf dem Rand des Dämpfungskegels mit dem Winkel ϕ (siehe Abbildung 27b) besitzt.*

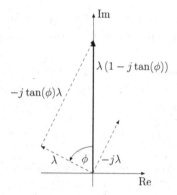

Abbildung 28 – Eigenwerte der Ersatzmatrix für den Dämpfungsfall [VPS+19]

Beweis. Es sei v_i der Eigenvektor der Matrix $A(k)$ mit dem zugehörigen Eigenwert λ_i. Dann gilt:

$$\mathcal{A}(k)\,v_i = A(k)\,v_i - j\tan(\phi)A(k)\,v_i \qquad (6.43)$$
$$= \lambda(1 - j\tan(\phi))\,v_i.$$

Besitzt die Matrix $A(k)$ einen Eigenwert auf der Grenze des Dämpfungskegels im zweiten Quadrant, hat die Matrix $\mathcal{A}(k)$ einen Eigenwert auf der imaginären Achse und ist daher auf ihrer Stabilitätsgrenze (vgl. Abbildung 28). □

Anmerkung 6.2. *Da $A(k)$ eine reelle Matrix ist, sind die Eigenwerte von $A(k)$ konjugiert komplex. Daher gilt die Aussage ebenfalls für die Grenze im dritten Quadranten der komplexen Ebene.*

Wie bereits in Abschnitt 6.2.1 erwähnt, kann die Ersatzmatrix $\mathcal{A}(k)$ an ihrer Stabilitätsgrenze sein, auch wenn kein Eigenwert von $A(k)$ an der Gütegrenze ist. Dies führt zu fiktiven Grenzen im Parameterraum. Diese fiktiven Grenzen sind keine Gütegrenzen. Die zugehörigen Eigenwerte der ursprünglichen Systemmatrix $A(k)$ sind im vierten Quadranten der komplexen Ebene und sind somit im instabilen Bereich. Daher müssen die zusätzlich entstandenen Grenzen im Parameterraum nicht berücksichtigt werden. Diese Überlegung führt zu dem nachfolgenden Satz:

Satz 6.3. *Die Eigenwerte der Matrix $A(k)$ befinden sich im Dämpfungskegel $(-\pi/2 - \phi, \pi/2 + \phi)$ für $\phi \in [0, \frac{\pi}{2})$ genau dann, wenn die Eigenwerte der Ersatzmatrix $\mathcal{A}(k) = A(k) - j\tan(\phi)A(k)$ in der offenen linken Halbebene liegen.*

Diese Beziehung gilt ebenfalls für die Matrix $\mathcal{A}(k) = A(k) + j\tan(\phi)A(k)$. Dies ergibt sich, wenn der in Abbildung 28 dargestellte Zusammenhang an der reellen Achse gespiegelt wird.

Allerdings ist die Ersatzmatrix $\mathcal{A}(k) = A(k) - j\tan(\phi)A(k)$ komplex. Daher müssen die Überlegungen aus Abschnitt 5.1 auf komplexe Matrizen erweitert werden. Ausgehend von dem System

$$\dot{x} = A(k)\,x; \quad A \in \mathbb{C}^{n \times n}, \quad x \in \mathbb{C}^n, \quad k \in \mathbb{R}^p \tag{6.44}$$

kann ein komplexes Analogon zu der Lyapunov-Gleichung (2.12) aus Abschnitt 2.3 definiert werden [BS02]

$$A^*(k)P + PA(k) = -Q, \tag{6.45}$$

wobei A^* die adjungierte Matrix (auch hermitisch transponierte oder transponiert-konjugierte Matrix genannt) von A und P eine hermitische Matrix ist. Äquivalent zu reellen Zustandsraumsystemen ist das System (6.44) genau dann asymptotisch stabil, wenn (6.45) für jede positiv definite, hermitische Matrix Q eine positiv definite Lösung P besitzt. Gleichung (6.45) kann ebenfalls in Vektorform

$$\left(I \otimes A^{\mathrm{T}}(k) + A^*(k) \otimes I\right) \mathrm{vec}(P) = -\mathrm{vec}(Q) \tag{6.46}$$

dargestellt werden. Wird diese Gleichung nach P aufgelöst, ergibt sich erneut die Matrix $M(k)$ mit der Determinante

$$|M(k)| = \prod_{i=1}^{n} \prod_{j=1}^{n} (\lambda_i + \bar{\lambda}_j). \tag{6.47}$$

Befindet sich nun ein Eigenwert λ_i von $A(k)$ auf der imaginären Achse und somit auf der Stabilitätsgrenze, dann gilt $\lambda_i + \bar{\lambda}_i = 0$ und somit $|M(k)| = 0$. Damit kann das in Abschnitt 5.1 vorgestellte Verfahren zur Bestimmung der Stabilitätsgrenzen im Parameterraum auch auf komplexe Matrizen angewendet werden.

Die Reduzierung der Matrixdimension kann allerdings nicht auf die gleiche Weise erfolgen, da die Terme $(\lambda_i + \bar{\lambda}_j)$ und $(\bar{\lambda}_i + \lambda_j)$ nicht identisch sind. Gleichwohl muss lediglich geprüft werden, ob die Determinante der Matrix M entweder Null oder unendlich wird. Daher kann einer dieser Terme vernachlässigt werden, da ein Produkt nur dann Null wird, wenn einer der Faktoren Null ist und

$$(\lambda_i + \bar{\lambda}_j) \neq 0 \Leftrightarrow (\bar{\lambda}_i + \lambda_j) \neq 0 \qquad (6.48)$$

gilt. Daher ist ebenfalls $|M(k)| = 0$ genau dann, wenn

$$\prod_{i=1}^{n} \prod_{j \geq i}^{n} (\lambda_i + \bar{\lambda}_j) = 0 \qquad (6.49)$$

gilt. Da die Imaginärteile der Matrix P nicht symmetrisch, sondern schiefsymmetrisch sind, kann der Ansatz mit den Duplikations- (T) und Eliminationsmatrizen ($T^\dagger$) nicht direkt angewendet werden. Allerdings ergibt sich das nachfolgende Resultat [VPS$^+$19]:

Satz 6.4. *Die Determinante von $M(k)$ ist Null genau dann, wenn die Determinante von $M_T(k)$ Null ist, mit $M_T = T^\dagger \left(M_1 + M_2 M_1^{-1} M_2 \right) T$, $M_1 = \left(I \otimes \mathrm{Re}(A^T) + \mathrm{Re}(A^T) \otimes I \right)$ und $M_2 = \left(I \otimes \mathrm{Im}(A^T) - \mathrm{Im}(A^T) \otimes I \right)$.*

Beweis. Wird die Matrix P in ihren Real- und Imaginärteil aufgeteilt, ergibt sich

$$\begin{pmatrix} M_1 & M_2 \\ -M_2 & M_1 \end{pmatrix} \begin{pmatrix} \overline{\mathrm{vec}}(\mathrm{Re}(P)) \\ \overline{\mathrm{vec}}(\mathrm{Im}(P)) \end{pmatrix} = \begin{pmatrix} \overline{\mathrm{vec}}(Q)) \\ 0 \end{pmatrix}. \qquad (6.50)$$

Die zweite Zeile wird nach $\overline{\mathrm{vec}}(\mathrm{Im}(P))$ aufgelöst. Da Q symmetrisch ist, ist

$$M_1 \overline{\mathrm{vec}}(\mathrm{Re}(P)) + M_2 \underbrace{\left(M_1^{-1} M_2 \right) \overline{\mathrm{vec}}(\mathrm{Re}(P))}_{\overline{\mathrm{vec}}(\mathrm{Im}(P))} \qquad (6.51)$$

ebenfalls symmetrisch. Damit können die Ergebnisse von (5.10) angewandt werden. □

Anmerkung 6.3. *In Satz 6.4 wird eine reelle Matrix Q angesetzt, um umfangreichere Ausdrücke zu vermeiden. Dies ist möglich, da die komplexe Lyapunov-Gleichung für jede Matrix gilt, die positiv definit und hermitisch ist, also auch für die reellen Matrizen.*

Für reelle Matrizen ($M_2 = 0$) resultieren die gleichen Ergebnisse wie mit (5.9). Damit können die Dämpfungsgrenzen im Parameterraum auf die gleich Weise wie die der Einstellzeit berechnet werden. Zu Beginn wird die Ersatzmatrix $\mathcal{A}(k)$ bestimmt. Dabei kann der Parameter $\psi = \tan(\phi)$ vorgegeben oder ebenfalls als unbekannt betrachtet werden. Die Stabilitätgrenzen von $\mathcal{A}(k)$ werden dann mit dem in diesem Abschnitt vorgestellten Ansatz berechnet. Wird $\phi = 0$ gewählt, so ist $\mathcal{A}(k)$ identisch mit $A(k)$ und es ergeben sich die gleichen Ergebnisse wie mit dem Ansatz aus Abschnitt 5.1.

Der Rechenaufwand für die Gütegrenzen der Dämpfung im Parameterraum ist, bei einer fest gewählten Dämpfung in der gleichen Größenordnung, wie der bei einer reinen Stabilitätsbetrachtung. Denn die Dimension der resultierenden Polynome stimmt mit denen der Stabilitätsprüfung überein und die Reduzierungsmethodik kann im gleichen Maße wie im reellen Fall angewendet werden. Wird allerdings $\psi = \tan(\phi)$ als unbekannter Parameter betrachtet, vergrößert sich der Rechenaufwand entsprechend. Dies resultiert daraus, dass ψ mit $A(k)$ multipliziert wird, um $\mathcal{A}(k)$ zu berechnen. Damit erhöht sich die Ordnung der Polynome in k (inklusive ψ) um eins. Allerdings ist der Aufwandsanstieg in den meisten Fällen vernachlässigbar.

In den vorangegangenen Betrachtungen wurde die IRB nicht betrachtet. Diese tritt auf, wenn sich die Ordnung des charakteristischen Polynoms ändert. So z. B., wenn der Koeffizient der höchsten Potenz der charakteristischen Gleichung verschwindet. Für $\phi \in [0, \frac{\pi}{2})$ wird der Koeffizient der höchsten Potenz weder durch ς noch durch ϕ beeinflusst. Dadurch muss die IRB nicht gesondert betrachtet werden.

6.2.4 Frequenzbasierende Kriterien

In diesem Abschnitt wird dargestellt, wie Anforderungen an Eigenfrequenz und Kennkreisfrequenz mit dem eingeführten Lyapunov-Ansatz berücksichtigt werden können. Dabei ist die Eigenfrequenz der Absolutwert der Eigenwerte und die Kennkreisfrequenz deren Imaginärteil. An diese beiden Kennwerte werden häufig Anforderungen beim Reglerentwurf gestellt. Die Sprungantwort eines linearen Systems schwingt mit der Kennkreisfrequenz ω_D. Die Bedeutung der Eigenkreisfrequenz ω_0 zeigt sich im Bode-Diagramm. Es ist ein entscheidender Kennwert im Zusammenhang mit der Bandbreite. Auf die gleiche Weise werden im weiteren Verlauf Ersatzmatrizen definiert, die Anforderungen an Eigen- und Kennkreisfrequenz berücksichtigen.

Satz 6.5. *Wenn das System $\dot{x} = A(k)x$ mindestens einen Eigenwert mit der Eigenfrequenz ω_0 besitzt, dann ist $|M| = |\mathcal{A}^T(k) \otimes \mathcal{A}^T(k) - I \otimes I| = 0$ mit $\mathcal{A}(k) = \frac{1}{\omega_0}A(k)$.*

Beweis. Der Beweis folgt den Überlegungen des Beweises von Satz 6.8 und wird daher hier nicht explizit angegeben.   □

Für die Berücksichtigung von Anforderungen an die Kennkreisfrequenz muss der Imaginärteil untersucht werden. Damit kann folgender Satz definiert werden:

Satz 6.6. *Wenn das System $\dot{x} = A(k)x$ mindestens einen Eigenwert auf der Gerade parallel zu der reellen Achse durch den Punkt $-j\omega_D$ besitzt, dann besitzt die Ersatzmatrix $\mathcal{A}(k) = jA(k) - \omega_D I$ mindestens einen Eigenwert auf der imaginären Achse.*

Beweis. Sei v_i ein Eigenvektor von $A(k)$ mit dem zugehörigen Eigenwert λ_i. Dann gilt

$$\mathcal{A}(k)\,v_i = jA(k)\,v_i - \omega_D\,v_i = (j\lambda_i - \omega_D)\,v_i. \qquad (6.52)$$

Besitzt die Matrix $A(k)$ einen Eigenwert auf der Gütegrenze, also auf der Gerade $-j\omega_D + t$ mit $t \in \mathbb{R}$, dann besitzt die Ersatzmatrix $\mathcal{A}(k)$ einen Eigenwert auf der Stabilitätsgrenze, genauer bei jt. $\qquad \Box$

Anmerkung 6.4. *Werden die Gütegebiete mit den Sätzen 6.5 und 6.6 berechnet, so beinhalten diese auch instabile Pole. Daher sollte die Bestimmung der Gütegebiete von Eigen- und Kennkreisfrequenz stets mit der Stabilitätsgebietsberechnung kombiniert werden.*

6.2.5 Beispiel: Hochautomatisiertes Fahrzeug mit PID-Regelung

Um die vorgestellten Gütekriterien auf ein Regelungsproblem anzuwenden, wird im folgenden ein hochautomatisiertes Fahrzeug mit PID-Regelung betrachtet.

In den letzten Jahren sind hochautomatisierte bzw. autonome Fahrzeuge in den Fokus von Forschung und Industrie gerückt. Das hier untersuchte Beispiel ist das Modell der Längsdynamik eines VW Golf der Firma IAV GmbH [PVS+18, VPS+19]. Das Verhalten kann durch das System (Eingang: Beschleunigungs-Sollwert; Ausgang: Ist-Beschleunigung)

$$A = \begin{pmatrix} 0 & 1 \\ -\frac{1}{T_l} & -\frac{2 \cdot D_l}{T_l} \end{pmatrix}, \; B = \begin{pmatrix} 0 \\ \frac{K_l}{T_l^2} \end{pmatrix}, \; C = \begin{pmatrix} 1 & 0 \end{pmatrix} \qquad (6.53)$$

beschrieben werden. Dieses Modell entstand durch eine Vielzahl von Testfahrten mit unterschiedlichen Geschwindigkeiten. Das lineare Modell wurde anschließend durch Lösen eines Ausgleichsproblems bestimmt. Gütekriterium der Ausgleichsrechnung war die Minimierung des quadratischen Fehlers bei Autobahnfahrten (Geschwindigkeit zwischen 80 km/h und 120 km/h).

Wird das System (6.53) um einen PID-Regler erweitert, ergibt sich [VPS+19]:

$$A(K_\mathrm{I}, K_\mathrm{P}, K_\mathrm{D}) = \begin{pmatrix} 0 & 1 & 0 \\ 0 & 0 & 1 \\ -K_\mathrm{I}\frac{K_l}{T_l^2} & -\frac{1}{T_l} - K_\mathrm{P}\frac{K_l}{T_l^2} & -\frac{2 \cdot D_l}{T_l} - K_\mathrm{D}\frac{K_l}{T_l^2} \end{pmatrix}, \qquad (6.54)$$

mit

$$T_l = 0,52 \quad D_l = 0,845 \quad K_l = 1. \tag{6.55}$$

Abbildung 29 zeigt, wie die notwendigen Werte der Reglerverstärkung K_P durch ς beeinflusst werden. Dabei sind die Werte für K_D und K_I konstant. Die sich ergebenden Grenzen sind durch die schwarzen Linien gekennzeichnet und die Menge der Parameter, welche die gewünschte Eigenschaft erzeugen, ist grau schattiert. Wie zu erwarten, verkleinert sich die Menge möglicher Verstärkungen K_P mit zunehmenden ς. Es ist ebenfalls ersichtlich, dass Werte von $\varsigma > 1$ nicht realisiert werden können, zumindest nicht mit den Werten $K_D = 1$ und $K_I = 1$.

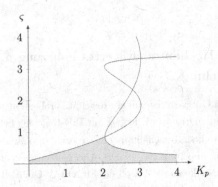

Abbildung 29 – K_P über ς mit $K_D = 1$ und $K_I = 1$ [VPS+19]

In Abbildung 30 ist dargestellt, wie sich die Menge der möglichen Reglerparameter von K_D und K_I für sich vergrößernde Werte von ς verändert. Dazu wurde der Proportionalanteil auf $K_P = 5$ festgesetzt. Wie in Abbildung 29 verkleinert sich die Menge möglicher Parameterkonstellationen mit zunehmenden Güteanforderungen. Allerdings ist die Form der resultierenden Gebiete recht unerwartet. Die Stabilitätsgrenzen ($\varsigma = 0$) sind linear. Dies passt zu den klassischen Beobachtungen von Ackermann [Ack12]. Für sich vergrößernde Werte von ς verformen sich die Grenzen und einige werden nichtlinear. Solche Grenzen können nicht mit dem klassischen Parameterraumverfahren entstehen.

Die sich ergebenden Grenzen für Dämpfungsanforderungen sind in Abbildung 31 dargestellt. Analog zu den Anforderungen an die Einstellzeit verkleinert sich die Menge möglicher Parameterkombinationen bei zunehmenden Dämpfungsanforderungen. Weiterhin stimmen die Grenzen von $D = 0$ und $\varsigma = 0$ überein und sind somit ebenfalls linear. Diese Ergebnisse validieren den Ansatz. Für größer werdende Dämp-

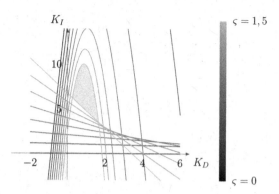

Abbildung 30 – K_I über K_D für $\varsigma = 0 \ldots 1,5$ mit $K_P = 5$ [VPS$^+$19]

fungsanforderungen verformen sich die Grenzen ebenfalls nichtlinear. Die links der Stabilitätsgrenze liegenden Grenzen sind die in Abschnitt 6.2.3 erwähnten fiktiven Grenzen. Wie dargestellt, liegen diese für alle D im instabilen Bereich.

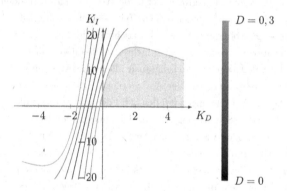

Abbildung 31 – K_I über K_D für $D = 0 \ldots 0,3$ mit $K_P = 5$ [VPS$^+$19]

Ähnliche Resultate zeigen die Abbildungen 32 und 33. Dort wird der Einfluss von ω_0 und ω_D auf den Parameterraum dargestellt. Auch hier verkleinert sich die Menge der möglichen Parameter mit zunehmenden Güteanforderungen. Dabei gilt es zu beachten, dass die Güteanforderungen steigen, wenn die Werte von ω_0 und ω_D sich verkleinern. Es existieren zwei nicht zusammenhängende Mengen, welche die Anforderung $\omega_0 \leq 3$ erfüllen (vgl. Abbildung 32). Eine dieser Mengen befindet sich im stabilen Bereich (grau schattiert) und eine im instabilen Bereich. Die beiden Gebiete sind verhältnismäßig klein, insbesondere, wenn die Anforderungen an ω_0

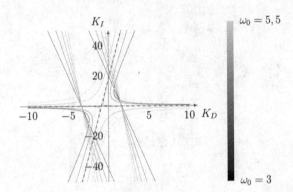

Abbildung 32 – Resultierende Parameterbereiche für unterschiedliche Werte
von ω_0 ($3 < \omega_0 < 5,5$, –) und die Stabilitätsgrenze (- -)
[VPS+19]

weiter vergrößert werden. Für größer werdende Werte von ω_0 verbinden sich diese
beiden Gebiete. Allerdings befindet sich ein Teil des Gebietes im instabilen Bereich.

Abschließend zeigt Abbildung 34, wie drastisch sich die Menge der möglichen Parameterkonstellationen verkleinert, wenn mehrere Güteanforderungen berücksichtigt
werden müssen (vgl. Menge I). Die hellgrauen Flächen in Abbildung 34 beschreiben
jeweils die Regionen, in denen einzelne Anforderungen erfüllt sind. Um die Parameter
zu erhalten, die alle Anforderungen erfüllen, wird die Schnittmenge dieser hellgrauen
Flächen gebildet. Diese Schnittmenge ergibt die dunkelgraue Fläche I. Auch der Ort
des resultierenden Gebietes ist eher unerwartet. Denn in der Literatur wird häufig
eine Parameterkonfiguration nahe des Schwerpunktes eines Gebietes als gute Wahl
vorgeschlagen. Wie hier zu erkennen, ist dies im Hinblick auf andere Kriterien nicht
sinnvoll. Dies verdeutlicht die Relevanz dieser Analyse. Durch reines Ausprobieren
ist es kaum möglich, eine geeignete Reglerparametrierung zu finden, selbst in diesem
einfachen, dreidimensionalen Beispiel.

6.2.6 Diskrete Systeme

Wie bereits in Anmerkung 5.2 erwähnt, kann der in Abschnitt 5.1 dargestellte Ansatz
zur Stabilitätsgebietsbestimmung auch auf diskrete Systeme angewendet werden.
In diesem Abschnitt werden die zuvor für kontinuierliche Systeme hergeleiteten
Bedingungen für Einstellzeit und Dämpfung auf diskrete Systeme erweitert. Dazu

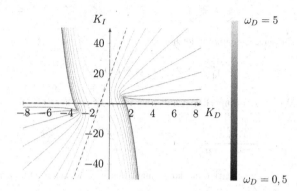

Abbildung 33 – Resultierende Parameterbereiche für unterschiedliche Werte von ω_D ($0,5 < \omega_D < 5$, –) und die Stabilitätsgrenze (- -) [VPS+19]

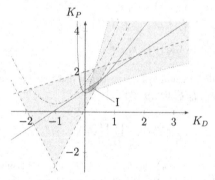

Abbildung 34 – Resultierendes Parametergebiet für $\varsigma = 1$ (–), $D = 1/\sqrt{2}$ (···), $\omega_0 = 2\sqrt{2}$ (- -), $\omega_D = 2$ (-·-) and $K_I = 1$ [VPS+19]

werden Systeme der Form

$$x(\kappa + 1) = A_{\mathrm{d}}(k)x(\kappa); \quad A_{\mathrm{d}} \in \mathbb{R}^{n \times n}, \quad x(t) \in \mathbb{R}^n, \quad k \in \mathbb{R}^p \qquad (6.56)$$

mit der zugehörigen Lyapunov-Gleichung

$$A_{\mathrm{d}}^T(k)P(k)A_{\mathrm{d}}(k) - P(k) = -Q \qquad (6.57)$$

betrachtet. Wie im kontinuierlichen Fall wird (6.57) in der Vektorform

$$\underbrace{\left(A_{\mathrm{d}}^T(k) \otimes A_{\mathrm{d}}^T(k) - I \otimes I\right)}_{M_{\mathrm{d}}(k)} \mathrm{vec}(P(k)) = -\mathrm{vec}(Q) \qquad (6.58)$$

dargestellt. Der Argumentation des kontinuierlichen Falls folgend, kann nachfolgender Satz formuliert werden:

Satz 6.7. *Sei $M_d(k) = A_d^T(k) \otimes A_d^T(k) - I \otimes I$. Wenn die Matrix $A_d(k)$ an ihrer Stabilitätsgrenze ist, so gilt $|M_d(k)| = 0$.*

Beweis. Das stabile diskrete System (6.56) befindet sich an seiner Stabilitätsgrenze, wenn mindestens ein Eigenwert einen Betrag von 1 besitzt ($\|\lambda_i\| = 1$). Dies ist der Fall, bei einem reellen Eigenwert $\lambda_i = \pm 1$ oder bei einem konjugiert komplexen Paar mit dem Betrag 1. Mit

$$\left(A_{\mathrm{d}}^T(k) \otimes A_{\mathrm{d}}^*(k) - I \otimes I\right)(v_i \otimes v_j)$$
$$= \left(A_{\mathrm{d}}^T(k)v_i \otimes A_{\mathrm{d}}^*(k)v_j\right)(v_i - v_j)$$
$$= (\lambda_i \bar{\lambda}_j - 1)(v_i \otimes v_j)$$

und den entsprechenden Zusammenhang zwischen den Eigenwerten λ von $A_{\mathrm{d}}(k)$ und der Determinante von $M_{\mathrm{d}}(k)$ [PMS$^+$17]

$$|M_{\mathrm{d}}(k)| = \prod_{i=1}^{n} \prod_{j=1}^{n} (\lambda_i \bar{\lambda}_j - 1) \qquad (6.59)$$

ergibt sich $|M_{\mathrm{d}}(k)| = 0$, wenn sich das System $A_{\mathrm{d}}(k)$ an der Stabilitätsgrenze befindet. Die resultierenden Grenzen ergeben die Menge aller stabilisierenden Parameter. $\square$

Anmerkung 6.5. *Wie im kontinuierlichen Fall ist die Bedingung $|M_d(k)| = 0$ lediglich notwendig und nicht hinreichend. Falls ein Eigenwertpaar (λ_i, λ_j) existiert, so dass $\lambda_i \lambda_j = 1$ (z. B. $\lambda_i = \frac{1}{5}, \lambda_j = 5$) gilt, dann ist entsprechend (6.59) die Determinante ebenfalls Null. Dies erzeugt fiktive, allerdings unkritische Grenzen.*

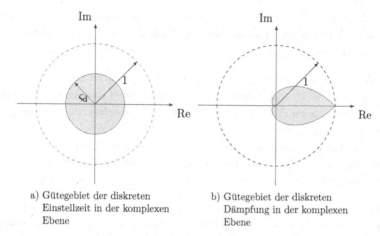

a) Gütegebiet der diskreten
   Einstellzeit in der komplexen
   Ebene

b) Gütegebiet der diskreten
   Dämpfung in der komplexen
   Ebene

Abbildung 35 – Diskrete Gütegebiete in der komplexen Ebene [VPS+19]

Auch im diskreten Fall enthält die Matrix $M_d(k)$ redundante Dopplungen, wie $(\lambda_1\lambda_2 - 1)$ und $(\lambda_2\lambda_1 - 1)$. Diese können aufgrund der Symmetrie von P mit denselben Eleminations- und Duplikationsmatrizen, wie im kontinuierlichen Fall eliminiert werden. Allerdings können diese auch bei diskreten Systemen nicht auf komplexe Matrizen $A_d(k)$ angewendet werden. Mit den Matrizen $M_1 = \left(\text{Re}(A_d^T) \otimes \text{Re}(A_d^T)\,\text{Im}(A_d^T) \otimes \text{Im}(A_d^T) - I \otimes I\right)$ und $M_2 = \left(\text{Im}(A_d^T) \otimes \text{Re}(A_d^T) - \text{Re}(A_d^T) \otimes \text{Im}(A_d^T)\right)$ kann die komplexe Matrix $M_d(k)$ analog zum kontinuierlichen Fall reduziert werden.

Bei der Einstellzeit ist der Absolutbetrag der Eigenwerte entscheidend. Dies wird, wie in Abbildung 35a dargestellt, über den Parameter $\varsigma_d \in \mathbb{R}$, $0 < \varsigma_d \leq 1$ beschrieben. Die entsprechende Ersatzmatrix wird im nachfolgenden Satz eingeführt:

Satz 6.8. *Wenn das diskrete System $x(\kappa + 1) = A_d(k)x(\kappa)$ mindestens einen Eigenwert auf einem Kreis um den Koordinatenursprung mit dem Radius ς_d besitzt, dann besitzt die Ersatzmatrix $\mathcal{A}_d(k) = 1/\varsigma_d \cdot A_d(k)$ mindestens einen Eigenwert auf dem Einheitskreis um den Koordinatenursprung.*

Beweis. Es sei wieder v_i ein Eigenvektor der Matrix $A_d(k)$ mit dem zugehörigen Eigenwert λ_i. Dann gilt:

$$\mathcal{A}_d(k)\,v_i = \frac{1}{\varsigma_d}A_d(k)\,v_i = \frac{1}{\varsigma_d}(\lambda_i)\,v_i. \tag{6.60}$$

Aufgrund der absoluten Homogenität der Normen gilt, wenn $|\lambda_i| = \varsigma_d$ ist, dann ist

$|1/\varsigma_d(\lambda_i)| = |1/\varsigma_d||(\lambda_i)| = 1/\varsigma_d \cdot \varsigma_d = 1$. Daher besitzt die Ersatzmatrix $\mathcal{A}_d(k)$ einen Eigenwert auf der Stabilitätsgrenze, wenn $A_d(k)$ einen Eigenwert auf der definierten Gütegrenze besitzt,   □

Aus rechentechnischer Sicht muss beachtet werden, dass ς_d zur Matrix $A_d(k)$ multipliziert wird. Wenn ς_d als freie Variable angenommen wird, so steigt die Polynomordnung in den freien Parametern k um eins. Damit ist ebenfalls eine Erhöhung des Rechenaufwandes verbunden.

Die Analyse von Dämpfungsanforderungen im Diskreten stellt eine größere Herausforderung dar. Dies deutet bereits die komplizierte Form des Stabilitätsgebietes in Abbildung 35b an.

Satz 6.9. *Wenn das diskrete System $x(\kappa + 1) = A_d(k)x(\kappa)$ mindestens einen Eigenwert auf der Grenze mit dem Dämpfungsgrad D besitzt, dann besitzt die Ersatzmatrix $\mathcal{A}_d(k) = A_d(k)A_d^\delta(k)$, mit $\delta = -j\frac{D}{\sqrt{1-D^2}}$ mindestens einen Eigenwert auf dem Einheitskreis um den Koordinatenursprung.*

Beweis. Dieser Satz wird auf einem indirekten Weg bewiesen. Die Ersatzmatrix für die Dämpfung im kontinuierlichen Fall ist $\mathcal{A}(k) = A(k)(1 - j\tan(\varphi))$. Der dazugehörige Zusammenhang zwischen einem kontinuierlichen und einem diskreten, abgetasteten System ist durch [Lun06]

$$A_d = e^{AT} \tag{6.61}$$

gegeben, wobei T die Abtastzeit darstellt. Die so entstehende Matrix ist nie singulär, da die Matrixexponentialfunktion in eine allgemeine lineare Gruppe abbildet und damit die komplexe Matrixpotenz $A_d^x := \exp((\ln A_d)x)$, $x \in \mathbb{C}$ wohl definiert ist. Wird nun die Transformation (6.61) auf die Ersatzmatrix $\mathcal{A}(k)$ angewandt, ergibt sich:

$$\mathcal{A}_d(k) = e^{A(k)(1-j\tan(\phi))T} = e^{AT}e^{-jA\tan\phi T} \tag{6.62}$$

$$= A_d(k)A_d^{-j\tan(\phi)}(k). \tag{6.63}$$

Mit $\phi = \arcsin(D)$ und dem Additionstheorem $\tan(\arcsin(x)) = \frac{x}{\sqrt{1-x^2}}$ ergibt sich die Ersatzmatrix aus Satz 6.9.   □

Anmerkung 6.6. *Mit dem umgekehrten Weg des Beweises von Satz 6.9 kann über*

$$A = \ln(A_d)/T \tag{6.64}$$

ein kontinuierliches Äquivalent zu dem diskreten System bestimmt werden. Wird nun zu dieser Matrix der Ansatz zur Dämpfungsanalyse des kontinuierlichen Systems *bestimmt, ergeben sich die Grenzen für das diskrete System. Dabei kann $T \in \mathbb{R}$, $T > 0$ beliebig gewählt werden, da dieser nur die Eigenwerte skaliert und somit keinen Einfluss auf die Dämpfungsgrenzen hat.*

Die eingeführten Ansätze werden im Weiteren an einem Beispiel illustriert [VPS$^+$19].

Beispiel 6.5 (Gleichstrommotor). *In diesem Beispiel werden die vorgestellten Ansätze für diskrete Systeme anhand eines Gleichstrommotors diskutiert. Dessen elektrisches Ersatzschaltbild ist in Abbildung 36 dargestellt. Mit dem Ankerstrom und der Winkel-*

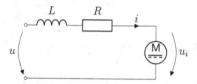

Abbildung 36 – Ersatzschaltbild eines Gleichstrommotors

geschwindigkeit des Rotors als Zustände ($x^T = (i, \omega)$) ergibt sich aus dem Maschensatz und dem Momentengleichgewicht am Motor die Beschreibung:

$$\dot{x} = \begin{pmatrix} -\frac{R}{L} & -\frac{K_e}{L} \\ \frac{K_m}{J} & 0 \end{pmatrix} x + \begin{pmatrix} \frac{1}{L} \\ 0 \end{pmatrix} u. \tag{6.65}$$

Um einen diskreten Regler zu verwenden, wird das System (6.65) diskretisiert. Mit der Gesamtinduktivität $L = 100\,\text{mH}$, dem Gesamtwiderstand $R = 8\,\Omega$, den Motorkonstanten $K_e = 3{,}82\,\text{V}\,\text{s}$ und $K_m = 3{,}92\,\text{N}\,\text{m}\,\text{A}^{-1}$, einer Abtastzeit von $T = 1\,\text{ms}$, sowie einem Zustandsregler mit den Reglerparametern k_1, k_2, ergibt sich für den geschlossenen Regelkreis des diskreten Systems

$$A_d = \begin{pmatrix} 0 & 1 \\ -0{,}9231 + k_1 & 1{,}923 + k_2 \end{pmatrix}. \tag{6.66}$$

Abbildung 37 verdeutlicht, wie sich die Menge der möglichen Parameter in der $k_1 - k_2$ Ebene für unterschiedliche Werte von ς_d verändert. Im Unterschied zum kontinuierlichen Fall sind alle Grenzen aufgrund der linearen Transformation aus Satz 6.8 linear. Für die Analyse des Dämpfungsverhaltens wird die Transformation (6.64) verwendet. Die sich daraus ergebenden Grenzen zeigt Abbildung 38. Aufgrund der hochgradig nichtlinearen Gleichungen, die sich aus der Transformation ergeben, wurden diese Grenzen numerisch bestimmt. Jedoch bleibt die Stabilitätsgrenze $k_2 = -k_1 + 0{,}0001$ erhalten, welche einen Eigenwert bei 1 erzeugt. Dies ist sowohl eine Stabilitätsgrenze

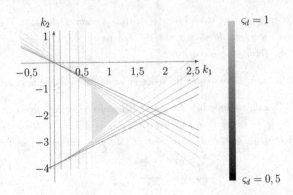

Abbildung 37 – Resultierende Grenzen für $0,5 \leq \varsigma_d \leq 1$ [VPS$^+$19]

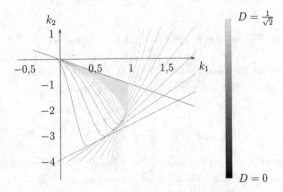

Abbildung 38 – Resultierende Dämpfungsgrenzen für $0 \leq D \leq \frac{1}{\sqrt{2}}$ [VPS$^+$19]

*als auch eine Dämpfungsgrenze und validiert somit den Ansatz. Wie bereits zuvor
erwähnt, können über die vorgestellten Ansätze nicht nur Regler entworfen werden. Es
besteht weiterhin die Möglichkeit andere Entwurfsparameter des Systems zu bestimmen.
Dazu werden die Parameter R und L hinsichtlich des Dämpfungsverhaltens analysiert.
Wie in Anmerkung 6.6 dargelegt, kann für diesen Zweck die Systembeschreibung (6.65)
verwendet werden. Die sich ergebenden Grenzen für unterschiedliche Werte von D zeigt
Abbildung 39. Wie zu erwarten sind größer werdende Widerstandswerte notwendig
um die Dämpfung zu erhöhen.*

Mit diesen Betrachtungen schließt der inhaltliche Teil der Arbeit ab. Das folgende
Kapitel zieht, aufbauend auf einer Zusammenfassung, ein Resümee über die entwickelten Ansätze, Methoden und gewonnenen Ergebnisse.

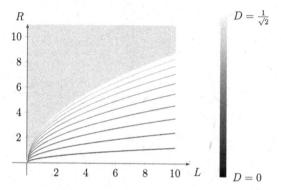

Abbildung 39 – Resultierende Dämpfungsgrenzen für $0 < D \leq \frac{1}{\sqrt{2}}$ [VPS$^+$19]

7 Zusammenfassung und Ausblick

Die vorliegende Arbeit befasst sich mit der systematischen Stabilitätsanalyse und dem systematischen Reglerentwurf für polynomiale und nicht-polynomiale Systeme. Ausgehend von Lyapunov's direkter Methode werden die damit einhergehenden Freiheitsgrade mit unterschiedlichen Ansätzen adressiert. Dabei kommen Techniken der Quadratsummenzerlegung und der Quantorenelimination zum Einsatz. Lineare zeitinvariante Systeme in Zustandsraumdarstellung können darüber hinaus mit einem weiterentwickelten Parameterraum-Ansatz analysiert und entsprechende Regler entworfen werden.

7.1 Zusammenfassung

Nach einer kurzen Hinführung zum Thema werden in Kapitel 2 die stabilitätstheoretischen Grundlagen eingeführt. Neben den eigentlichen Definitionen unterschiedlicher Stabilitätsbegriffe (Stabilität im Sinne von Lyapunov, asymptotische Stabilität, Eingangs-Zustands-Stabilität, inkrementelle Stabilität, inkrementelle Eingangs-Zustands-Stabilität) liegt das Hauptaugenmerk dieses Kapitels auf der direkten Methode von Lyapunov. Aufgrund ihrer Unabhängigkeit von der expliziten Lösung des, der Systembeschreibung zugrundeliegenden, (meist nichtlinearen) Differentialgleichungssystems, eignet sie sich besonders für eine systematische Herangehensweise bei der Systemanalyse und beim Regelungsentwurf. Daher beruhen alle in der Arbeit eingeführten Methoden auf Spezialfällen bzw. Erweiterungen dieser Methode.

So wird in Kapitel 3 dargestellt wie mit Hilfe der SOS-Programmierung sowohl Stabilität als auch Eingangs-Zustands-Stabilität auf systematische Weise untersucht werden können. Entscheidender Vorteil der SOS-Programmierung gegenüber der Definitheitsprüfung ist ihre rechentechnische Handhabbarkeit. So können SOS-Programme in ein semidefinites Optimierungsproblem umgeformt werden. Diese semidefiniten Programme sind mit verbreiteten Software-Werkzeugen in Polynomialzeit lösbar. Mit einer rationalen Umformung der Systembeschreibungen konnten diese Ergebnisse auch auf nicht-polynomiale Systeme erweitert werden. Darüber hinaus wurden diese Ansätze zur Analyse der inkrementellen Eingangs-Zustands-Stabilität weiterentwickelt.

Als zweiter Ansatz der systematischen Analyse für nichtlineare Systeme werden in Kapitel 4 Methoden der Quantorenelimination eingeführt. Hauptaugenmerk liegt dabei auf der Anwendung von QE-Ansätzen auf Lyapunov-Methoden. Die Ansätze zur Stabilitätsuntersuchung polynomialer Systeme wurden auf nicht-polynomiale Systeme

© Springer Fachmedien Wiesbaden GmbH, ein Teil von Springer Nature 2019
R. Voßwinkel, *Systematische Analyse und Entwurf von Regelungseinrichtungen auf Basis von Lyapunov's direkter Methode*, https://doi.org/10.1007/978-3-658-28061-1_7

und Eingangs-Zustands-Stabilität erweitert. Dabei konnte auf den rationalen Umformungsprozess aus Kapitel 3 zurückgegriffen werden. Es zeigte sich, dass aufgrund der
Entwicklung neuer Algorithmen und Software-Werkzeuge in den vergangenen Jahren,
eine Vielzahl von Problemstellungen behandelt werden können. Insbesondere mit
der Kombination unterschiedlicher Werkzeuge konnten sehr gute Ergebnisse erzielt
werden. So bietet das *Maple* Paket *SyNRAC* ein breites Angebot an zur Verfügung
stehenden Algorithmen. Jedoch erzeugt *SLFQ* im Zusammenwirken mit *QEPCAD
B* im Allgemeinen bessere Ergebnisse beim Vereinfachen der resultierenden Terme.
Dennoch stellt die inhärente rechentechnische Komplexität unüberwindbare Barrieren
an Variablenanzahl und Systemdimension.

Daher müssen sowohl bei der Anwendung von SOS-Methoden, als auch bei QE-
Techniken stets geschickte Problemformulierungen gefunden werden, die eine möglichst
geringe Anzahl von Variablen und eine möglichst niedrige Polynomordnung besitzen.
Da es bei QE-Ansätzen möglich ist, dass der Rechenaufwand doppelt exponentiell
mit der Variablenanzahl wächst, ist die Verwendung einer wohldurchdachten Problemformulierung bei diesen Verfahren umso kritischer. Grundsätzlich sind die, den
SOS-Methoden zugrundeliegenden semidefiniten Programme zwar in Polynomialzeit
lösbar, allerdings besitzt die Gramsche Matrix Q eines Polynoms in n Variablen mit
dem Polynomgrad $2d$ die Dimension $\dim(Q) = (\binom{n+d}{d} \times \binom{n+d}{d})$. Somit steigt die
Größe des semidefiniten Programms rasant mit zunehmender Variablenanzahl und
größer werdendem Polynomgrad, so dass typischerweise Polynome mit sechs oder mehr
Variablen und mit einer Ordnung größer vier nicht mehr handhabbar sind [AP12].
Einen Ansatz, um dem raschen Anwachsen des Programms entgegen zu wirken, ist das
Ausnutzen der Eigenschaften der Matrix Q. Diese ist im Allgemeinen dünn besetzt
[AP12]. Dabei werden sogenannte *Newton Polytope* [Stu98] verwendet. Dies verringert
die Größe des sich ergebenden semidefiniten Programms. Doch das grundsätzliche
Problem bleibt bestehen.

Ein Vorteil der QE- gegenüber den SOS-Methoden ist, dass die sich aus der
Umformung ergebenden Nebenbedingungen direkt berücksichtigt werden können
und somit keine zusätzlichen Polynome notwendig sind. Dadurch sinkt einerseits die
Anzahl der Variablen und andererseits müssen die sich aus den Polynomen ergebenden
Freiheitsgrade nicht eliminiert werden.

Die Struktur der Lyapunov-Gleichung ermöglicht einen anderen Analyseansatz für
lineare Systeme [SAS+15]. Dieser wird in Kapitel 5 dargestellt. Es zeigt sich, dass
die Grenzen aller stabilisierenden Parameter im entsprechenden Parameterraum über
eine Determinantenbedingung bestimmt werden können. Im zweiten Abschnitt dieses
Kapitels wird dieser Ansatz von Zustandsraumsystemen auf Systeme in Deskriptorform

erweitert. Dabei kann die Singularität, welche sich aus der Singularität der Matrix E ergibt überwunden werden, indem die Determinante einer Untermatrix mit vollem Rang untersucht wird.

Abschließend wird in Kapitel 6 dargestellt, wie auf Basis von QE-Techniken auf systematische Weise stabilisierende Regelgesetze mittels Regelungs-Lyapunov-Funktionen bestimmt werden. Die aus der Literatur bekannten Formulierungen für CLFs werden dabei in eine äquivalente pränexe Normalform überführt. Diese kann anschließend für die konkrete Aufgabenstellung mit QE-Werkzeugen gelöst werden. Es wird ebenfalls aufgezeigt, wie mit Hilfe des Positivstellensatzes entsprechende SOS-Bedingungen formuliert werden können. Diese eignen sich allerdings nur, um einen gegebenen CLF-Ansatz auf seine Tauglichkeit zu überprüfen. Soll auf diese Weise eine CLF ermittelt werden, entstehen bilineare Matrixungleichungen in dem resultierenden semidefiniten Programm. Diese können nicht mit den gängigen Lösungsalgorithmen behandelt werden. Ein iterativer Ansatz zum Auffinden einer CLF auf SOS-Basis findet sich in [TP04] und [Tan06]. Der Ansatz zur Bestimmung einer CLF mit QE-Techniken konnte auf nicht-polynomiale Systeme erweitert werden. Dazu wird der zuvor eingeführte rationale Umformungsprozess verwendet und die Bedingungen entsprechend angepasst. Letztendlich wird dargestellt, wie unter Berücksichtigung der ISS-Bedingungen sogenannte ISS-CLFs bestimmt werden können. Dazu werden entsprechende pränexe Aussagen formuliert. Die Effizienz und Funktionsweise der vorgestellten Verfahren wird anhand von Beispielen illustriert.

Weiterhin wird die Methode aus Kapitel 5 verwendet, um alle Regler- oder andere Entwurfsparameter bestimmen zu können, die unterschiedliche Güteanforderungen an das System erfüllen. Diese Güteanforderungen können über die Position der Eigenwerte der Systemmatrix charakterisiert werden. Dies ermöglicht es, für die Einstellzeit, die Dämpfung, die Kennkreisfrequenz und die Eigenkreisfrequenz entsprechende Ersatzmatrizen zu formulieren. Diese Ersatzmatrizen haben allesamt die Eigenschaft, dass sie sich an ihrer Stabilitätsgrenze befinden, wenn die Systemmatrix einen Eigenwert an der entsprechenden Grenze der Güteanforderung besitzt. Somit wird die jeweilige Güteanforderung in eine Stabilitätsanforderung überführt. Der daraus resultierende Rechenaufwand ist gleich oder nur geringfügig größer im Vergleich zur Stabilitätsprüfung aus Kapitel 5. Das Verfahren wird anhand einzelner Kriterien, sowie einer Kombination unterschiedlicher Kriterien am Beispiel des Regelungsentwurfs für ein hochautomatisiertes Fahrzeug erläutert. Der sich aus diesem Verfahren ergebende Rechenaufwand ist wesentlich geringer als der aus anderen gängigen Verfahren (Routh/Hurwitz). Abschließend werden auf demselben Wege diskrete Systeme untersucht. Dabei stellt die Bestimmung der Parameter, die eine gewisse Einstellzeit garantieren, eine direkte Erweiterung dar. Dahingegen kann die Berücksichtigung von Dämpfungskriterien nicht trivial erfolgen. Dies erfordert das Lösen hochgradig nichtlinearer Gleichungen. Dies geschieht im Allgemeinen numerisch. Auch dieser diskrete Ansatz wird anhand eines Beispieles verdeutlicht.

7.2 Ausblick

Neben den hier vorgestellten Stabilitätsnotationen ist es für weitere Untersuchungen sinnvoll, andere bzw. allgemeinere Stabilitätskriterien, wie integral oder starke integrale Eingangs-Zustands-Stabilität (engl. (strong) integral input-to-state stability, kurz: (strong) iISS) [CAI14, Son08], zu berücksichtigen. Bei diesen Kriterien, insbesondere bei der starken iISS, sind Lyapunov-Ansätze der Form $V(x) = \ln(1 + |x|^2)$ üblich. Aufgrund der Nicht-Polynomialität dieses Ansatzes liegt auch hier die Anwendung von Polynom-basierten Methoden (SOS, QE) nicht auf der Hand. Allerdings ist die Funktion $V(x) = \ln(1 + |x|^2)$ positiv definit, so dass lediglich die zeitliche Ableitung betrachtet werden muss. Diese hat bei polynomialen Systemen eine rationale Struktur, denn für die Ableitung ergibt sich:

$$\dot{V}(x) = \frac{\partial V}{\partial x} F(x, w) = \sum_{i=1}^{n} \frac{2x_i}{1 + |x|^2} F_i(x, w). \tag{7.1}$$

Für die Definitheitsbetrachtung können die Terme mit dem stets positiven Nenner $1 + |x|^2$ erweitert werden. Somit ist es auch möglich, auf diese Eigenschaften zu prüfen und die logarithmischen Lyapunov-Ansätze zu verwenden.

Auch für den Reglerentwurf sind weitere Systematiken auf Basis von Lyapunov-Methoden denkbar. So könnte bspw. das in [KKK95] vorgestellte rekursive Verfahren zur sukzessiven Stabilisierung von nichtlinearen Regelstrecken systematisch analysiert werden. Dabei wird bei diesem sogenannten *Backstepping-Verfahren* [SJK97, Rud05, Ada14, Kha02] von Systemen in der strengen Rückkopplungsform

$$\left.\begin{aligned}
\dot{x}_1 &= f_1(x_1) + g_1(x_1)x_2 \text{ 1. TS} \\
\dot{x}_2 &= f_2(x_1, x_2) + g_2(x_1, x_2)x_3
\end{aligned}\right\} \text{2. TS} \right\} \text{n. TS} \tag{7.2}$$
$$\vdots$$
$$\dot{x}_n = f_n(x_1, x_2, \ldots, x_n) + g_n(x_1, x_2, \ldots, x_n)u$$

ausgegangen. Die kaskadierte Struktur von (7.2) ermöglicht nun einen schrittweisen Reglerentwurf. Dabei wird zu Beginn das erste Teilsystem mit dem virtuellen Regler $x_2 = \delta(x_1)$ asymptotisch stabilisiert und $V_1(x_1)$ ist eine zugehörige Lyapunov-

Funktion. Im nächsten Schritt erfolgt die Stabilisierung des zweite Teilsystems auf Grundlage des zuvor stabilisierten ersten Teilsystems. Daraus resultiert wiederum eine Lyapunov-Funktion für das zweite Teilsystem. Dieser Systematik folgend wird bei der Stabilisierung der Teilsysteme 3 bis n vorgegangen. Aus den Lyapunov-Funktionen der einzelnen Teilsysteme kann abschließend eine Lyapunov-Funktion für das Gesamtsystem ermittelt werden. Bei der Stabilisierung der einzelnen Teilsysteme und somit auch des Gesamtsystems ergeben sich umfangreiche Freiheitsgrade. Diese können insbesondere für die Realisierung von robusten Regelkreisen verwendet werden. Hier sind im Weiteren die bereits eingeführten ISS-Regelungs-Lyapunov-Funktionen anwendbar. Auch weitere Stabilitätseigenschaften, wie (starke) iISS, können so berücksichtigt werden.

Eine weitere Einsatzmöglichkeit stellt der systematische Entwurf von strukturvariablen Regelungen dar. Hier sind insbesondere Sliding-Mode-Regler von Interesse, da sich diese als sehr robuste Regler etabliert haben [SL91, SEFL14]. Die Ermittlung klassischer Sliding-Mode-Ansätze ist dabei von untergeordnetem Interesse, da diese auch ohne den Einsatz von Computer-Algebra-Systemen nahezu problemlos ermittelt werden können. Allerdings können auch Regelungskonzepte höherer Ordnung untersucht und entworfen werden [FL99] und somit auf systematische Weise stabilisierende Reglerparameter für Twisting/Supertwisting [SEFL14] oder unsymmetrische Regler bestimmt werden. Diese sind aus praktischer Sicht von besonderem Interesse, da die Robustheit von Sliding-Mode-Regelungen maßgeblich auf der theoretisch unendlichen Schaltgeschwindigkeit basiert. Reale Aktoren sind dagegen bandbegrenzt und können bei hoher Aktoraktivität stark verschleißen und hohe Stellenergien erfordern. Die erwähnten Sliding-Mode-Regler höherer Ordnung bilden eine Alternative, da bei diesen der Schaltvorgang intern im Regelalgorithmus erfolgt und somit nicht am physikalischen Aktor [FL99]. Sliding-Mode-Regler höherer Ordnung weisen zusätzliche Parameter auf. Zwar ergeben sich damit zusätzliche Entwurfsfreiheitsgrade, doch die konkrete Wahl dieser Parameter ist nicht trivial. Das geregelte System kann mittels Differentialinklusionen beschrieben werden [SEFL14]. Entsprechende pränexe Formulierungen dieser Differentialinklusionen können erstellt und so das jeweilige Regelgesetz mit QE bestimmt werden.

Anhang A

Rationale Umformung eines Laufkatzen-Modells

Grundlage für die nachfolgende Untersuchung ist das Modell, der in Abbildung 40 dargestellten Laufkatze. Mit dem Lagrange-Formalismus können die Bewegungsgleichungen

$$\ddot{x}_k = \frac{\sin(\theta)(lm_L\dot{\theta}^2 + gm_L\cos(\theta)) + F_k}{m_K + m_L\sin^2(\theta)} \tag{A.1}$$

$$\ddot{\theta} = -\frac{\sin(\theta)(gm_K + gm_L) + \cos(\theta)(lm_L\sin(\theta)\dot{\theta}^2 + F_k)}{l(m_K + m_L\sin^2(\theta))} \tag{A.2}$$

bestimmt werden [Rö17]. Aus diesen Gleichungen ergibt sich mit den Variablen $u = F_k$, $x_1 = x_k$, $x_2 = \dot{x}_k$, $x_3 = \theta$ und $x_4 = \dot{\theta}$ das Zustandsraummodell:

$$\dot{x} = \begin{pmatrix} x_2 \\ \frac{\sin(x_3)(lm_Lx_4^2 + gm_L\cos(x_3)) + u}{m_K + m_L\sin^2(x_3)} \\ x_4 \\ -\frac{\sin(x_3)(gm_K + gm_L) + \cos(x_3)(lm_L\sin(x_3)x_4^2 + u)}{l(m_K + m_L\sin^2(x_3))} \end{pmatrix} . \tag{A.3}$$

Um dieses System zu polynomialisieren, werden die neuen Variablen

$$z_1 = x \tag{A.4}$$

$$z_2 = \begin{pmatrix} z_5 \\ z_6 \end{pmatrix} = T(z) = \begin{pmatrix} \sin(x_3) \\ \cos(x_3) \end{pmatrix} \tag{A.5}$$

© Springer Fachmedien Wiesbaden GmbH, ein Teil von Springer Nature 2019
R. Voßwinkel, *Systematische Analyse und Entwurf von Regelungseinrichtungen auf Basis von Lyapunov's direkter Methode*, https://doi.org/10.1007/978-3-658-28061-1

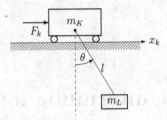

Abbildung 40 – Laufkatze

eingeführt. Daraus resultiert als transformiertes System:

$$\dot{z} = \begin{pmatrix} z_2 \\[4pt] \dfrac{z_5(lm_L z_4^2 + gm_L z_6) + u}{m_K + m_L z_5^2} \\[10pt] z_4 \\[4pt] -\dfrac{z_5(gm_K + gm_L) + z_6(lm_L z_5 z_4^2 + u)}{l(m_K + m_L z_5^2)} \\[10pt] z_6 z_4 \\[6pt] -z_5 z_4 \end{pmatrix} \tag{A.6}$$

und die algebraische Nebenbedingung:

$$G_1(z_2) = z_5^2 + z_6^2 - 1 = 0. \tag{A.7}$$

Als Gesamtnenner $N(z_1, z_2)$ ergibt sich somit:

$$N(z_1, z_2) = l(m_K + m_L z_5^2). \tag{A.8}$$

Anhang B

Rationale Umformung eines Brückenkran-Modells

Als Nächstes wird das Modell des Brückenkrans aus [HWR14] verwendet:

$$(M + m)\ddot{D}_2 + m(\ddot{R}\sin(\theta) + 2\dot{R}\dot{\theta}\cos(\theta) + R(\ddot{\theta}\cos(\theta) - \dot{\theta}^2\sin(\theta))) = F \qquad \text{(B.1)}$$

$$-(\frac{J}{\rho} + \rho m)\ddot{R} - \rho m(\ddot{D}_2\sin(\theta) - R\dot{\theta} - g\cos(\theta)) = C \qquad \text{(B.2)}$$

$$R\ddot{\theta} + \ddot{D}_2\cos(\theta) + 2\dot{R}\dot{\theta} + g\sin(\theta) = 0. \qquad \text{(B.3)}$$

Um das System untersuchen zu können, muss es zuerst in ein adäquates Zustandsraummodell überführt werden. Dazu werden folgende Variablen eingeführt:

$$u_1 = F \qquad\qquad x_3 = R$$

$$u_2 = C \qquad\qquad x_4 = \dot{R}$$

$$x_1 = D_2 \qquad\qquad x_5 = \theta$$

$$x_2 = \dot{D}_2 \qquad\qquad x_6 = \dot{\theta}.$$

Um eine Form $\dot{x} = F(x, u)$ zu erzeugen, müssen ($\dot{x}_2 = \ddot{D}_2$, $\dot{x}_4 = \ddot{R}$, $\dot{x}_6 = \ddot{\theta}$) jeweils als Funktion von ($x_1 \ldots x_6$) dargestellt werden. Dafür werden die Gleichungen (B.1)-(B.3) wie folgt dargestellt:

$$\begin{pmatrix} 0 \\ 0 \\ 0 \end{pmatrix} = \underbrace{\begin{pmatrix} 220 & 20\sin(x_5) & 20x_3\cos(x_5) \\ 16\sin(x_5) & -32 & 0 \\ \cos(x_5) & 0 & x_3 \end{pmatrix}}_{M} \begin{pmatrix} \dot{x}_2 \\ \dot{x}_4 \\ \dot{x}_6 \end{pmatrix} + \underbrace{\begin{pmatrix} 40x_4x_6\cos(x_5) - 20x_3x_6^2\sin(x_5) \\ 16x_3x_6^2 - u_2 + \frac{3924\cos(x_5)}{25} \\ \frac{981\sin(x_5)}{100} + 2x_4x_6 \end{pmatrix}}_{C}.$$

Als Parameter wurden analog zu [HWR14] $M = 200\,\text{kg}$, $m = 20\,\text{kg}$, $\rho = 0{,}8\,\text{m}$, $J = 12{,}8\,\text{kgm}^2$ und $g = 9{,}81\,\text{kgm/s}^2$ gewählt. Somit können die entsprechenden Zustands-

© Springer Fachmedien Wiesbaden GmbH, ein Teil von Springer Nature 2019
R. Voßwinkel, *Systematische Analyse und Entwurf von Regelungseinrichtungen auf Basis von Lyapunov's direkter Methode*, https://doi.org/10.1007/978-3-658-28061-1

gleichungen

$$
\begin{pmatrix} \dot{x}_2 \\ \dot{x}_4 \\ \dot{x}_6 \end{pmatrix} = -M^{-1}C \tag{B.4}
$$

$$
= \begin{pmatrix} \dfrac{1.6u_1+\sin(x_5)\left(16x_3x_6{}^2+u_2+\frac{3924}{25}\cos(x_5)\right)}{16\left(3\sin^2(x_5)+20\right)} \\[2ex] \dfrac{327}{50}\cos(x_5)-\dfrac{1}{48}u_2+\dfrac{\frac{20}{3}x_3x_6{}^2+\frac{5}{12}u_2+\frac{327}{5}\cos(x_5)-\frac{1}{10}u_1\sin(x_5)}{6\cos^2(x_5)-46}+\dfrac{2}{3}x_3x_6{}^2 \\[2ex] \dfrac{\frac{7521}{100}\sin(x_5)+\cos(x_5)\left(\frac{1}{10}u_1+\sin(x_5)\left(x_3x_6{}^2+\frac{1}{16}u_2\right)\right)}{x_3(3\cos^2(x_5)-23)}-\dfrac{\frac{981}{50}\sin(x_5)+6x_4x_6}{3x_3} \end{pmatrix} \tag{B.5}
$$

berechnet werden. Erweitert man dieses Model mit dem in [HWR14] vorgeschlagenen Regelgesetz und wählt $k_1,\dots,k_4 = 1$ sowie $R^0 = D_2^0 = 0$, ergibt sich:

$$
\begin{pmatrix} \dot{x}_2 \\ \dot{x}_4 \\ \dot{x}_6 \end{pmatrix} = \tag{B.6}
$$

$$
\begin{pmatrix} -\dfrac{10x_1+10x_2-\frac{981}{2}\sin(2x_5)-\sin(x_5)\left(100x_3x_6{}^2+5x_3+5x_4+981\right)}{300\sin^2(x_5)+2000} \\[2ex] \dfrac{327}{50}\cos(x_5)-\dfrac{1}{60}x_4-\dfrac{1}{60}x_3+\dfrac{\frac{20}{3}x_3x_6{}^2+\frac{1}{3}x_3+\frac{1}{3}x_4+\frac{327}{5}\cos(x_5)+\frac{1}{10}\sin(x_5)(x_1+x_2)+\frac{327}{5}}{6\cos^2(x_5)-46}+\dfrac{2}{3}x_3x_6{}^2-\dfrac{327}{100} \\[2ex] \dfrac{\frac{7521}{100}\sin(x_5)-\cos(x_5)\left(\frac{1}{10}x_1+\frac{1}{10}x_2-\sin(x_5)\left(x_3x_6{}^2+\frac{1}{20}x_3+\frac{1}{20}x_4+\frac{981}{100}\right)\right)}{x_3(3\cos^2(x_5)-23)}-\dfrac{\frac{981}{50}\sin(x_5)+6x_4x_6}{3x_3} \end{pmatrix}
$$

Für die Analyse mit den eingeführten Methoden muss das System in ein polynomiales System transformiert werden. Dazu werden die neuen Variablen

$$
z_1 = x \tag{B.7}
$$

$$
z_2 = \begin{pmatrix} z_7 \\ z_8 \end{pmatrix} = T(x) = \begin{pmatrix} \sin(x_5) \\ \cos(x_5) \end{pmatrix} \tag{B.8}
$$

eingeführt. Daraus resultiert als transformiertes System:

$$\dot{z} = \begin{pmatrix} z_2 \\[4pt] -\dfrac{10z_1+10z_2-981z_7z_8-z_7\left(100z_3z_6{}^2+5z_3+5z_4+981\right)}{300z_7^2+2000} \\[8pt] z_4 \\[4pt] \dfrac{327}{50}z_8 - \dfrac{1}{60}z_4 - \dfrac{1}{60}z_3 + \dfrac{\frac{20}{3}z_3z_6{}^2+\frac{1}{3}z_3+\frac{1}{3}z_4+\frac{327}{5}z_8+\frac{1}{10}z_7(z_1+z_2)+\frac{327}{5}}{6z_8^2-46} + \dfrac{2}{3}z_3z_6{}^2 - \dfrac{327}{100} \\[8pt] z_6 \\[4pt] \dfrac{\frac{7521}{100}z_7-z_8\left(\frac{1}{10}z_1+\frac{1}{10}z_2-z_7\left(z_3z_6{}^2+\frac{1}{20}z_3+\frac{1}{20}z_4+\frac{981}{100}\right)\right)}{z_3\left(3z_8^2-23\right)} - \dfrac{\frac{981}{50}z_7+6z_4z_6}{3z_3} \\[8pt] z_8z_6 \\[4pt] -z_7z_6 \end{pmatrix}$$

(B.9)

und die algebraische Nebenbedingung:

$$G_1(z_2) = z_7^2 + z_8^2 - 1 = 0. \qquad \text{(B.10)}$$

Als Gesamtnenner $N(z_1, z_2)$ ergibt sich:

$$N(z_1, z_2) = 2z_3(3z_8^2 - 23)(300z_7^2 + 2000) \qquad \text{(B.11)}$$

Diese System eignet sich nicht für die zuvor dargestellte Untersuchung, da der Gesamtnenner N nicht für alle Zustandskombinationen positiv ist. Allerdings ist er für alle realistischen Zustände negativ, so dass eventuell eine Untersuchung über geänderte Ungleichungsbedingungen möglich ist.

Literaturverzeichnis

[AAP13]   ANGHEL, M; ANDERSON, J; PAPACHRISTODOULOU, A: Stability analysis of power systems using network decomposition and local gain analysis. In: *IREP Symposium Bulk Power System Dynamics and Control - IX Optimization, Security and Control of the Emerging Power Grid*, 2013, S. 1–7

[ABJ75]   ANDERSON, B; BOSE, N; JURY, E: Output feedback stabilization and related problems-solution via decision methods. In: *IEEE Transactions on Automatic Control* 20 (1975), Nr. 1, S. 53–66

[Ack12]   ACKERMANN, J: *Robust Control: The Parameter Space Approach.* Springer London, 2012

[Ada14]   ADAMY, J: *Nichtlineare Systeme und Regelungen.* 2., bearbeitete und erweiterte Auflage. Berlin, Heidelberg: Springer Vieweg, 2014

[ADL+95]   ABDALLAH, C. T.; DORATO, P; LISKA, R; STEINBERG, S; YANG, W: Applications of Quantifier Elimination Theory to Control Theory / University of New Mexica,. 1995 (9-14-1995). – Forschungsbericht

[AFH94]   ARGYRIS, J. H.; FAUST, G; HAASE, M: *Die Erforschung des Chaos: eine Einführung für Naturwissenschaftler und Ingenieure.* Braunschweig: Vieweg-Verlag, 1994

[AG07]   ALBEA, C; GORDILLO, F: Estimation of the Region of Attraction for a Boost DC-AC Converter Control Law. In: *The 7th IFAC Symposium on Nonlinear Control Systems*, 2007, S. 874–879

[AH00]   ANAI, H; HARA, S: Fixed-structure robust controller synthesis based on sign definite condition by a special quantifier elimination. In: *Proceedings of the American Control Conference*, 2000, S. 1312–1316

[AH06]   ANAI, H; HARA, S: A parameter space approach to fixed-order robust controller synthesis by quantifier elimination. In: *International Journal of Control* 79 (2006), Nr. 11, S. 1321–1330

[AKP11]   AHMADI, A. A.; KRSTIC, M; PARRILO, P. A.: A globally asymptotically stable polynomial vector field with no polynomial Lyapunov function.

© Springer Fachmedien Wiesbaden GmbH, ein Teil von Springer Nature 2019
R. Voßwinkel, *Systematische Analyse und Entwurf von Regelungseinrichtungen auf Basis von Lyapunov's direkter Methode*, https://doi.org/10.1007/978-3-658-28061-1

In: *Proceedings of the 50th IEEE Conference on Decision and Control and European Control Conference*, 2011, S. 7579–7580

[Ang02]   ANGELI, D: A Lyapunov approach to incremental stability properties. In: *IEEE Transactions on Automatic Control* 47 (2002), Nr. 3, S. 410–421

[Ang09]   ANGELI, D: Further results on incremental input-to-state stability. In: *IEEE Transactions on Automatic Control* 54 (2009), Nr. 6, S. 1386–1391

[AP12]   ANDERSON, J; PAPACHRISTODOULOU, A: A Decomposition Technique for Nonlinear Dynamical System Analysis. In: *IEEE Transactions on Automatic Control* 57 (2012), Nr. 6, S. 1516–1521

[AP13]   ANDERSON, J; PAPACHRISTODOULOU, A: Robust nonlinear stability and performance analysis of an F/A-18 aircraft model using sum of squares programming. In: *International Journal of Robust and Nonlinear Control* 23 (2013), Nr. 10, S. 1099–1114

[APS08]   AYLWARD, E. M.; PARRILO, P. A.; SLOTINE, J.-J. E.: Stability and robustness analysis of nonlinear systems via contraction metrics and SOS programming. In: *Automatica* 44 (2008), Nr. 8, S. 2163 – 2170

[Arn01]   ARNOLD, V. I.: *Gewöhnliche Differentialgleichungen*. 2. Auflage. Berlin, Heidelberg: Springer-Verlag, 2001

[Art83]   ARTSTEIN, Z: Stabilization with relaxed controls. In: *Nonlinear Analysis* 7 (1983), Nr. 11, S. 1163–1173

[AY03]   ANAI, H; YANAMI, H: SyNRAC: A Maple-Package for Solving Real Algebraic Constraints. In: *Proceedings of the International Conference on Computational Science*, 2003, S. 828–837

[Baj06]   BAJCINCA, N: Design of robust PID controllers using decoupling at singular frequencies. In: *Automatica* 42 (2006), Nr. 11, S, 1943 – 1949

[Bäu11]   BÄUML, M: *Analyse und Synthese nichtlinearer Regelungen mittels Sum-of-Squares-Programmierung*, Universität Erlangen-Nürnberg, Dissertation, 2011

[BCCG10]   BALESTRINO, A; CAITI, A; CRISOSTOMI, E; GRAMMATICO, S: R-composition of quadratic Lyapunov functions for stabilizability of linear differential inclusions. In: *4th IFAC Symposium on System, Structure and Control*, 2010, S. 204–210

[BCR98]   BOCHNAK, J; COSTE, M; ROY, M.-F: *Real Algebraic Geometry.* Berlin, Heidelberg, New York: Springer, 1998

[BGN00]   BYRD, R. H.; GILBERT, J. C.; NOCEDAL, J: A trust region method based on interior point techniques for nonlinear programming. In: *Mathematical Programming* 89 (2000), Nr. 1, S. 149–185

[Bor99]   BORCHERS, B: CSDP, A C library for semidefinite programming. In: *Optimization Methods and Software* 11 (1999), Nr. 1-4, S. 613–623

[BPR06]   BASU, S; POLLACK, R; ROY, M.-F: *Algorithms in Real Algebraic Geometry.* 2. Auflage. Berlin, Heidelberg: Springer, 2006

[Bro03]   BROWN, C. W.: QEPCAD B: a program for computing with semi-algebraic sets using CADs. In: *ACM SIGSAM Bulletin* 37 (2003), Nr. 4, S. 97–108

[BS97]   BENDTSEN, C; STAUNING, O: TADIFF, A Flexible C++ Package For Automatic Differentiation using Taylor series expansion / Technical University of Denmark, Department of Mathematical Modelling. 1997. – Forschungsbericht

[BS02]   BHATIA, N; SZEGÖ, G: *Stability Theory of Dynamical Systems.* Berlin, Heidelberg: Springer, 2002

[CAI14]   CHAILLET, A; ANGELI, D; ITO, H: Combining iISS and ISS With Respect to Small Inputs: The Strong iISS Property. In: *IEEE Transactions on Automatic Control* 59 (2014), Nr. 9, S. 2518–2524

[CH91]   COLLINS, G. E.; HONG, H: Partial Cylindrical Algebraic Decomposition for quantifier elimination. In: *Journal of Symbolic Computation* 12 (1991), Nr. 3, S. 299 – 328

[Che04]   CHESI, G: On the estimation of the domain of attraction for uncertain polynomial systems via LMIs. In: *43rd IEEE Conference on Decision and Control (CDC)* Bd. 1, 2004, S. 881–886

[Che07]   CHESI, G: On the Gap Between Positive Polynomials and SOS of Polynomials. In: *IEEE Transactions on Automatic Control* 52 (2007), Nr. 6, S. 1066–1072

[Che11]   CHESI, G: *Domain of Attraction-Analysis and Control via SOS Programming.* Berlin, Heidelberg: Springer, 2011

[Chu92]   CHUA, L. O.: The genesis of Chua's circuit. In: *Archiv für Elektronik und Übertragungstechnik (AEÜ)* 46 (1992), Nr. 4, S. 250–257

[CJ12]   CAVINESS, B. F.; JOHNSON, J. R.: *Quantifier elimination and cylindrical algebraic decomposition*. Wien: Springer, 2012

[CM14]   CHEN, C; MAZA, M. M.: Cylindrical algebraic decomposition in the regularchains library. In: *Proceedings of the International Congress on Mathematical Software*, 2014, S. 425–433

[CM16]   CHEN, C; MAZA, M. M.: Quantifier elimination by cylindrical algebraic decomposition based on regular chains. In: *Journal of Symbolic Computation* 75 (2016), S. 74–93

[Coh69]   COHEN, P. J.: Decision procedures for real and p-adic fields. In: *Communications on Pure and Applied Mathematics* 22 (1969), Nr. 2, S. 131–151

[Col74]   COLLINS, G. E.: Quantifier elimination for real closed fields by cylindrical algebraic decomposition–preliminary report. In: *ACM–SIGSAM Bulletin* 8 (1974), Nr. 3, S. 80–90

[Dak65]   DAKIN, R. J.: A tree-search algorithm for mixed integer programming problems. In: *The Computer Journal* 8 (1965), Nr. 3, S. 250–255

[DD15]   DEMONGEOT, J; DEMETRIUS, L. A.: Complexity and Stability in Biological Systems. In: *International Journal of Bifurcation and Chaos* 25 (2015), Nr. 07, S. 1540013

[Dei14]   DEITMAR, A: *Analysis*. Berlin, Heidelberg: Springer Spektrum, 2014

[Deu05]   DEUTSCHER, J: Input-output linearization of nonlinear systems using multivariable Legendre polynomials. In: *Automatica* 41 (2005), Nr. 2, S. 299–304

[DFAY99]   DORATO, P; FAMULARO, D; ABDALLAH, C. T.; YANG, W: Robust nonlinear feedback design via quantifier elimination theory. In: *International Journal of Robust and Nonlinear Control* 9 (1999), Nr. 11, S. 817–822

[DH88]   DAVENPORT, J. H.; HEINTZ, J: Real quantifier elimination is doubly exponential. In: *Journal of Symbolic Computation* 5 (1988), Nr. 1, S. 29–35

[Dor98]   DORATO, P: Non-fragile controller design: an overview. In: *Proceedings of the American Control Conference*, 1998, S. 2829–2831

[DS97]   DOLZMANN, A; STURM, T: Redlog: Computer algebra meets computer logic. In: *Acm Sigsam Bulletin* 31 (1997), Nr. 2, S. 2–9

[Dua02]   DUAN, G.-R: *Analysis and Design of Descriptor Linear Systems*. New York: Springer, 2002

[Dym13]   DYM, H: *Linear Algebra in Action*. 2. Auflage. Providence, Rhode Island: American Mathematical Society, 2013

[EMS+16] ELSHEIKH, M; MUTLU, I; SCHRÖDEL, F; SÖYLEMEZ, M. T.; ABEL, D: Parameter space mapping for linear discrete-time systems with parametric uncertainties. In: *Proceedings of the 20th International Conference on System Theory, Control and Computing*, 2016, S. 479–484

[ERA05]   EBENBAUER, C; RAFF, T; ALLGÖWER, F: Passivitätsbasierter Reglerentwurf für polynomiale Systeme. In: *Automatisierungstechnik* 53 (2005), S. 356–366

[Fab95]   FABER, T. E.: *Fluid Dynamics for Physicists*. Cambridge University Press, 1995

[FK96]   FREEMAN, R. A.; KOTOTOVIC, P. V.: *Robust Nonlinear Control Design: State-space and Lyapunov Techniques*. Cambridge, USA: Birkhauser, 1996

[FL99]   FRIDLAND, L; LEVANT, A: Higher order sliding modes. In: BARBOT, J (Hrsg.); W.PERRUGUETTI (Hrsg.): *Sliding mode in Automatic Control, Ecole Central de Lille*, 1999

[FPM05]   FOTIOU, I. A.; PARRILO, P. A.; MORARI, M: Nonlinear parametric optimization using cylindrical algebraic decomposition. In: *Proceedings of the 44th IEEE Conference on Decision and Control*, 2005, S. 3735–3740

[FPM06]   FOTIOU, I. A.; PARRILO, P. A.; MORARI, M: Parametric Optimization and Optimal Control using Algebraic Geometry. In: *International Journal of Control* 79 (2006)

[FYK92]   FURUTA, K; YAMAKITA, M; KOBAYASHI, S: Swing-up control of inverted pendulum using pseudo-sate feedback. In: *Journal of Systems and Control Engineering* 206 (1992), Nr. 4, S. 263–269

[Gan86]   GANTMACHER, F. R.: *Matrizentheorie*. Berlin, Heidelberg: Springer, 1986

[GH86]   GUCKENHEIMER, J; HOLMES, P: *Nonlinear Oscillation, Dynamical Systems, and Bifurcations of Vector Field*. New York: Springer, 1986. – 462 S.

[GP06]   GRYAZINA, E. N.; POLYAK, B. T.: Stability regions in the parameter space: D-decomposition revisited. In: *Automatica* 42 (2006), Nr. 1

[GVLRR89]   GONZALEZ-VEGA, L; LOMBARDI, H; RECIO, T; ROY, M.-F: Sturm-Habicht Sequence. In: *Procceedings of the ACM-SIGSAM International Symposium on Symbolic and Algebraic Computation*, 1989, S. 136–146

[GW08]   GRIEWANK, A; WALTHER, A: *Evaluating Derivatives: Principles and Techniques of Algorithmic Differentiation*. 2. Auflage. Philadelphia: SIAM, 2008

[Hah63]   HAHN, W: *Theory and Application of Liapunov's direct Method*. Englewood Cliffs: Prentice-Hall, 1963

[Hah67]   HAHN, W: *Stability of motion*. Berlin, Heidelberg: Springer, 1967

[HHY$^+$07] HYODO, N; HONG, M; YANAMI, H; HARA, S; ANAI, H: Solving and visualizing nonlinear parametric constraints in control based on quantifier elimination. In: *Applicable Algebra in Engineering, Communication and Computing* 18 (2007), Nr. 6, S. 497–512

[Hil00]   HILBERT, D: Mathematische Probleme. In: *Nachrichten von der Gesellschaft der Wissenschaften zu Göttingen* 3 (1900), S. 253–297

[HL02]   HENRION, D; LASSERRE, J. : GloptiPoly: global optimization over polynomials with Matlab and SeDuMi. In: *Proceedings of the 41st IEEE Conference on Decision and Control* Bd. 1, 2002, S. 747–752

[Hon93]   HONG, H: Quantifier Elimination for Formulas Constrained by Quadratic Equations via Slope Resultants. In: *The Computer Journal* 36 (1993), Nr. 5, S. 439–449

[Hör83]   HÖRMANDER, L: *The analysis of linear partial differential operators II*. Berlin, Heidelberg: Springer, 1983

[HS74]   HIRSCH, M. W.; SMALE, S: *Differential Equations, Dynamical Systems, and Linear Algebra.* San Diego, London: Elsevier Academic Press, 1974

[HSD04]   HIRSCH, M. W.; SMALE, S; DEVANEY, R. L.: *Differential Equations, Dynamical Systems & An Introduction to Chaos.* 2. Auflage. San Diego, London: Elsevier Academic Press, 2004

[HWR14]   HUANG, C; WOITTENNEK, F; RÖBENACK, K: *Robuste Regelung nichtlinearer Systeme durch Kombination flachheitsbasierter und energiebasierter Ansätze.* Workshop des GMA-Fachausschusses 1.40 „Theoretische Verfahren der Regelungstechnik", 2014. – Anif/Salzburg

[Ich12]   ICHIHARA, H: Sum of Squares Based Input-to-State Stability Analysis of Polynomial Nonlinear Systems. In: *SICE Journal of Control, Measurement, and System Integration* 5 (2012), Nr. 4, S. 218–225

[Isi99]   ISIDORI, A: *Nonlinear Control Systems II.* London: Springer, 1999

[IYAY13]   IWANE, H; YANAMI, H; ANAI, H; YOKOYAMA, K: An effective implementation of symbolic–numeric cylindrical algebraic decomposition for quantifier elimination. In: *Theoretical Computer Science* 479 (2013), S. 43–69

[Jir97]   JIRSTRAND, M: Nonlinear Control System Design by Quantifier Elimination. In: *Journal of Symbolic Computation* 24 (1997), Nr. 2, S. 137–152

[JS04]   JARRE, F; STOER, J: *Optimierung.* Berlin, Heidelberg: Springer, 2004

[JW03]   JARVIS-WLOSZEK, Z. W.: *Lyapunov Based Analysis and Controller Synthesis for Polynomial Systems using Sum-of-Squares Optimization,* University of California, Berkeley, Dissertation, 2003. – 150 S.

[JWFT+03] JARVIS-WLOSZEK, Z; FEELEY, R; TAN, W; SUN, K; PACKARD, A: Some controls applications of sum of squares programming. In: *42nd IEEE International Conference on Decision and Control,* 2003, S. 4676–4681

[Ken92]   KENNEDY, M. P.: Robust AMP realization of Chua's circuit. In: *Frequenz* 3-4 (1992), S. 66–80

[Ker81]   KERNER, E. H.: Universal formats for nonlinear ordinary differential systems. In: *Journal of Mathematical Physics* 22 (1981), Nr. 7, S. 1366–1371

[Kha02]   KHALIL, H. K.: *Nonlinear Systems*. 3. Auflage. Upper Saddle River: Prentice Hall, 2002

[KK96]   KRSTIĆ, M; KOKOTOVIĆ, P. V.: Modular approach to adaptive nonlinear stabilization. In: *Automatica* 32 (1996), Nr. 4, S. 625 – 629

[KKK95]   KRSTIC, M; KANELLAKOPOULOS, I; KOKOTOVIC, P: *Nonlinear and Adaptive Control Design*. New York: Wiley, 1995

[KL98]   KRSTIC, M; LI, Z.-H: Inverse optimal design of input-to-state stabilizing nonlinear controllers. In: *IEEE Transactions on Automatic Control* 43 (1998), Nr. 3, S. 336–350

[KR13]   KNOLL, C; RÖBENACK, K: Stable Limit Cycles with Specified Oscillation ParametersInduced by Feedback: Theoretical and Experimental results. In: *Transactions on Systems, Signals and Devices* 8 (2013), Nr. 1, S. 127–144

[Las60]   LASALLE, J. P.: Some Extensions of Liapunov's Second Method. In: *IRE Transactions on Circuit Theory* 7 (1960), Nr. 4, S. 520–527

[Lin00]   LINDSTRÖM, T: Global stability of a model for competing predators: An extension of the Ardito & Ricciardi Lyapunov function. In: *Nonlinear Analysis: Theory, Methods & Applications* 39 (2000), Nr. 6, S. 793–805

[Lof04]   LOFBERG, J: YALMIP: a toolbox for modeling and optimization in MAT-LAB. In: *IEEE International Conference on Robotics and Automation*, 2004, S. 284–289

[LS91]   LIN, Y; SONTAG, E. D.: A universal formula for stabilization with bounded controls. In: *Systems & Control Letters* 16 (1991), Nr. 6, S. 393–397

[LS93]   LISKA, R; STEINBERG, S: Applying quantifier elimination to stability analysis of difference schemes. In: *The Computer Journal* 36 (1993), Nr. 5, S. 497–503

[LS95]   LIN, Y; SONTAG, E. D.: Control-lyapunov universal formulas for restricted inputs. In: *Control-Theory and Advanced Technology* 10 (1995), S. 1981–2004

[LSW02] LIBERZON, D; SONTAG, E. D.; WANG, Y: Universal construction of feedback laws achieving ISS and integral-ISS disturbance attenuation. In: *System & Control Letters* 46 (2002), S. 111–127

[Lue77] LUENBERGER, D. G.: Dynamic Equations in Descriptor Form. In: *IEEE Transactions on Automatic Control* 22 (1977), Nr. 3, S. 312–321

[Lun06] LUNZE, J: *Regelungstechnik 2*. 4. Auflage. Berlin, Heidelberg: Springer, 2006

[LW93] LOOS, R; WEISPFENNING, V: Applying Linear Quantifier Elimination. In: *The Computer Journal* 36 (1993), Nr. 5, S. 450–462

[Lya92] LYAPUNOV, A. M.: *General Problem of the Stability Of Motion (übersetzt ins Englische von Taylor & Francis (1992))*, University of Kharkov, Dissertation, 1892

[Mag59] MAGNUS, K: Zur Entwicklung des Stabilitätsbegriffes in der Mechanik. In: *Naturwissenschaften* 46 (1959), Nr. 21, S. 590–595

[Mat84] MATSUMOTO, T: A chaotic attractor from Chua's circuit. In: *IEEE Transactions on Circuits and Systems* 31 (1984), Nr. 12, S. 1055–1058

[MK87] MURTY, K. G.; KABADIE, S. N.: Some NP-Complete Problems in quadratic and nonlinear Programming. In: *Mathematical Programming* 39 (1987), S. 117–129

[MKOS97] MASUBUCHI, I; KAMITANE, Y; OHARA, A; SUDA, N: H_∞ control for descriptor systems: a matrix inequalities approach. In: *Automatica* 33 (1997), Nr. 4, S. 669–673

[ML03] MOLER, C; LOAN, C. V.: Nineteen Dubious Ways to Compute the Exponential of a Matrix, Twenty-Five Years Later. In: *SIAM Review* 45 (2003), Nr. 1, S. 3–49

[MM92] MARCUS, M; MINC, H: *A Survey of Matrix Theory and Matrix Inequalities*. New York: Dover Publications, 1992

[MN80] MAGNUS, J. R.; NEUDECKER, H: The Elimination Matrix: Some Lemmas and Applications. In: *SIAM Journal on Algebraic Discrete Methods* 1 (1980), Nr. 4, S. 422–449

[Mot67]   MOTZKIN, T. S.: The arithmetic-geometric inequality. In: *Inequalities* (1967), S. 205–224

[MS99]   MALISOFF, M; SONTAG, E. D.: Universal formulas for CLFs with respect to Minkowski balls. In: *Proceedings of the American Control Conference*, 1999, S. 3033–3037

[MS04]   MALISOFF, M; SONTAG, E. D.: Asymptotic Controllability and Input-to-State Stabilization. In: *SIAM Journal on Control and Optimization* 42 (2004), Nr. 6, S. 2221–2238

[Mül77]   MÜLLER, P. C.: *Stabilität und Matrizen: Matrizenverfahren in der Stabilitätstheorie linearer dynamischer Systeme.* Berlin, Heidelberg: Springer, 1977

[Mül05]   MÜLLER, P. C.: Remark on the solution of linear time-invariant descriptor systems. In: *Proceedings in Applied Mathematics and Mechanics* 5 (2005), Nr. 1, S. 175–176

[Mül13]   MÜLLER, P. C.: Lyapunov Matrix Equations for the Stability Analysis of Linear Time-Invariant Descriptor Systems. In: *Progress in Differntial-Algebraic Equations.* Berlin, Heidelberg: Springer, 2013, S. 3–20

[NM98]   NESIC, D; MAREELS, I. M.: Dead beat controllability of polynomial systems: symbolic computation approaches. In: *IEEE Transactions on Automatic Control* 43 (1998), Nr. 2, S. 162–175

[NMMK03]   NGUYEN, T. V.; MORI, Y; MORI, T; KUROE, Y: QE approach to common Lyapunov function problem. In: *Journal of Japan Society for Symbolic and Algebraic Computation* 10 (2003), Nr. 1, S. 52–62

[NWBJ07]   NAUTA, K. M.; WEILAND, S; BACKX, A. C. P. M.; JOKIC, A: Approximation of fast dynamics in kinetic networks using non-negative polynomials. In: *IEEE International Conference on Control Applications*, 2007, S. 1144–1149

[OTRRP13]   ORNELAS-TELLEZ, F; RICO, J; RINCON-PASAYE, J.-J: Optimal control for non-polynomial systems. In: *Journal of the Franklin Institute* 350 (2013), Nr. 4, S. 853–870

[Par00]   PARRILO, P. A.: *Structured Semidefinite Programs and Semialgebraic Geometry Methods in Robustness and Optimization*, California Institute of Technology, Dissertation, 2000

[Pil12]   PILYUGIN, S. Y.: *Spaces of Dynamical Systems*. Berlin, Boston: Walter de Gruyter, 2012

[PMS+17]   PYTA, L; MUTLU, I; SCHRÖDEL, F; BAJCINCA, N; SÖYLEMEZ, M; ABEL, D: Stability Boundary Mapping for Discrete Time Linear Systems. In: *IFAC-PapersOnLine* 50 (2017), Nr. 1, S. 14495–14500. – 20th IFAC World Congress

[Poi93]   POINCARÉ, H: *Les méthodes nouvelles de la mécanique céleste*. Gauthier-Villars, 1893 (Les méthodes nouvelles de la mécanique céleste Bd. 3)

[PP05]   PAPACHRISTODOULOU, A; PRAJNA, S: Analysis of Non-polynomial Systems Using the Sum of Squares Decomposition. In: *Positive Polynomials in Control*. Berlin, Heidelberg: Springer, 2005, S. 23–43

[PP10]   PEET, M. M.; PAPACHRISTODOULOU, A: A converse sum-of-squares Lyapunov result: An existence proof based on the Picard iteration. In: *49th IEEE Conference on Decision and Control (CDC)*, 2010, S. 5949–5954

[PPP02]   PRAJNA, S; PAPACHRISTODOULOU, A; PARRILO, P. A.: Introducing SOSTOOLS: a general purpose sum of squares programming solver. In: *Proceedings of the 41st IEEE Conference on Decision and Control*, 2002, S. 741–746

[PVS+18]   PYTA, L; VOSSWINKEL, R; SCHRÖDEL, F; BAJCINCA, N; ABEL, D: Parameter Space Approach for Performance Mapping using Lyapunov Stability. In: *The 26th Mediterranean Conference on Control and Automation*, 2018, S. 121–126

[PW96]   PRALY, L. T.; WANG, Y: Stabilization in spite of matched unmodeled dynamics and an equivalent definition of input-to-state stability. In: *Mathematics of Control, Signals, and Systems (MCSS)* 9 (1996), Nr. 1, S. 1–33

[Rö17]   RÖBENACK, K: *Nichtlineare Regelungssysteme-Theorie und Anwendung der exakten Linearisierung*. Berlin: Springer, 2017

[Rei06]   REINSCHKE, K: *Lineare Regelungs- und Steuerungstheorie*. Berlin, Heidelberg, New York: Springer, 2006

[Rez00]   REZNICK, B: Some concrete aspects of Hilbert's 17th problem. In: *Contemporary Mathematics* 253 (2000), S. 251–272

[RR97]   RÖBENACK, K; REINSCHKE, K: Graph-theoretically determined Jordan-block-size structure of regular matrix pencils. In: *Linear Algebra and its Applications* 263 (1997), S. 333–348

[RRW98]   REINSCHKE, K; RÖBENACK, K; WIEDEMANN, G: Strukturelle Analyse von Deskriptorsystemen mit Hilfe von Digraphen. In: *Automatisierungstechnik* 46 (1998), Nr. 1, S. 22–31

[RT71]   RUELLE, D; TAKENS, F: On the nature of turbulence. In: *Communications in Mathematical Physics* 20 (1971), Nr. 3, S. 167–192

[Rud05]   RUDOLPH, J: Rekursiver Entwurf stabiler Regelkreise durch sukzessive Berücksichtigung von Integratoren und quasi-statische Rückführungen. In: *Automatisierungstechnik* 53 (2005), Nr. 8, S. 389–399

[Rue89]   RUELLE, D: *Elements of Differentiable Dynamics and Bifurcation Theory.* San Diego, London: Elsevier Academic Press, 1989

[RVF18]   RÖBENACK, K; VOSSWINKEL, R; FRANKE, M: On the Eigenvalue Placement by Static Output Feedback via Quantifier Elimination. In: *Proceedings of the 26th Mediterranean Conference on Control and Automation*, 2018, S. 133–138

[RVFF18]   RÖBENACK, K; VOSSWINKEL, R; FRANKE, M; FRANKE, M: Stabilization by Static Output Feedback: A Quantifier Elimination Approach. In: *Proceedings of the 22nd International Conference on System Theory, Control and Computing*, 2018, S. 715–721

[SA14]   SCHRÖDEL, F; ABEL, D: Expanding the parameter space approach to multi loop control with multi time delays. In: *Proceedings of the European Control Conference*, 2014, S. 73–78

[SADG97]   SYRMOS, V. L.; ABDALLAH, C. T.; DORATO, P; GRIGORIADIS, K: Static output feedback—A survey. In: *Automatica* 33 (1997), Nr. 2, S. 125–137

[SAS+15]   SCHRÖDEL, F; ALMODARESI, E; STUMP, A; BAJCINCA, N; ABEL, D: Lyapunov stability bounds in the controller parameter space. In: *Proceedings of the 54th IEEE Conference on Decision and Control*, 2015, S. 4632–4636

[SB10]   SEILER, P; BALAS, G. J.: Quasiconvex sum-of-squares programming. In: *49th IEEE Conference on Decision and Control*, 2010, S. 3337–3342

[SDB02]   SILVA, G. J.; DATTA, A; BHATTACHARYYA, S. P.: Robust control design using the PID controller. In: *Proceedings of the 41st IEEE Conference on Decision and Control, 2002.* Bd. 2, 2002, S. 1313–1318

[SEFL14]   SHTESSEL, Y; EDWARDS, C; FRIDMAN, L; LEVANT, A: *Sliding Mode and Observation*. Basel: Birkhäuser, 2014

[Sei54]   SEIDENBERG, A: A New Decision Method for Elementary Algebra. In: *Annals of Mathematics* 60 (1954), Nr. 2, S. 365–374

[SH95]   SCHÜRMANN, T; HOFFMANN, I: The entropy of 'strange' billiards inside n-simplexes. In: *Journal of Physics A: Mathematical and General* 28 (1995), Nr. 17, S. 5033

[SJK97]   SEPULCHRE, R; JANKOVIC, M; KOKOTOVIC, P. V.: *Constructive Nonlinear Control*. London: Springer, 1997

[SK14] · SOKOLOV, Y; KOZMA, R: Stability of dynamic brain models in neuro-percolation approximation. 2014 (2014), 10, S. 2230–2233

[SL91]   SLOTINE, J.-J. E.; LI, W: *Applied Nonlinear Control*. Englewood Cliffs: Prentice Hall, 1991

[Son89a]   SONTAG, E. D.: A 'universal' construction of Artstein's theorem on nonlinear stabilization. In: *Systems and Control Letters* 13 (1989), Nr. 2, S. 117–123

[Son89b]   SONTAG, E. D.: Smooth stabilization implies coprime factorization. In: *IEEE Transactions on Automatic Control* 34 (1989), Nr. 4, S. 435–443

[Son98]   SONTAG, E. D.: *Mathematical Control Theory*. 2. Auflage. New York: Springer, 1998

[Son08]   SONTAG, E. D.: Input to State Stability: Basic Concepts and Results. In: *Nonlinear and Optimal Control Theory: Lectures given at the C.I.M.E. Summer School held in Cetraro*. Berlin, Heidelberg: Springer, 2008, S. 136–220

[SRV+01]   STRAUBE, B; REINSCHKE, K; VERMEIREN, W; RÖBENACK, K; MÜLLER, B; CLAUSS, C: DAE-Index Increase in Analogue Fault Simulation.

In: *System Design Automation – Fundamentals, Principles, Methods, Examples*. Alphen aan den Rijn: Kluwer, 2001, S. 221–232

[ST95] SONTAG, E. D.; TEEL, A: Changing Supply Functions in Input/State Stable Systems. In: *IEEE Transactions on Automatic Control* 40 (1995), Nr. 8, S. 1476–1478

[Ste74] STENGLE, G: A Nullstellensatz and a Positivstellensatz in Semialgebraic Geometry. In: *Mathematische Annalen* 207 (1974), Nr. 2, S. 87–97

[Stu98] STURMFELS, B: Polynomial Equations and Convex Polytopes. In: *The American Mathematical Monthly* 105 (1998), Nr. 10, S. 907–922

[Stu99] STURM, J. F.: Using SeDuMi 1.02, A Matlab toolbox for optimization over symmetric cones. In: *Optimization Methods and Software* 11 (1999), Nr. 1-4, S. 625–653

[Sty02] STYKEL, T: Stability and Inertia Theorems for Generalized Lyapunov Equations. In: *Linear Algebra and its Applications* 1-3 (2002), Nr. 355, S. 297–314

[SV87] SAVAGEAU, M. A.; VOIT, E. O.: Recasting nonlinear differential equations as S-systems: a canonical nonlinear form. In: *Mathematical Biosciences* 87 (1987), Nr. 1, S. 83–115

[SW95a] SONTAG, E. D.; WANG, Y: On Characterization of the Input-to-State Stability Property. In: *Systems and Control Letters* 24 (1995), Nr. 5, S. 351–359

[SW95b] SONTAG, E. D.; WANG, Y: On Characterizations of Input-to-State Stability with Respect to Compact Sets. In: *IFAC Proceedings Volumes* 28 (1995), Nr. 14, S. 203 – 208

[SXXZ09] SHE, Z; XIA, B; XIAO, R; ZHENG, Z: A semi-algebraic approach for asymptotic stability analysis. In: *Nonlinear Analysis: Hybrid Systems* 3 (2009), Nr. 4, S. 588–596

[Tan06] TAN, W: *Nonlinear Control Analysis and Synthesis using Sum-of-Squares Programming*, University of California, Berkeley, Dissertation, 2006

[Tar48] TARSKI, A: *A Decision Method for a Elementary Algebra and Geometry*. Rand Corporation, 1948

[TB17] TONG, J; BAJCINCA, N: Computation of feasible parametric regions for Lyapunov functions. In: *Proceedings of the 11th Asian Control Conference*, 2017, S. 2453–2458

[TP04] TAN, W; PACKARD, A: Searching for Control Lyapunov Functions using Sums of Squares Programming. In: *Proceedings of the 42nd Annual Allerton Conference on Communications, Control and Computing*, 2004, S. 210–219

[TP07] TOPCU, U; PACKARD, A: Stability region analysis for uncertain nonlinear systems. In: *Proceedings of the 46th IEEE Conference on Decision and Control*, 2007, S. 1693–1698

[TP08] TAN, W; PACKARD, A: Stability Region Analysis Using Polynomial and Composite Polynomial Lyapunov Functions and Sum-of-Squares Programming. In: *IEEE Transactions on Automatic Control* 53 (2008), Nr. 2, S. 565–571

[TTT12] TOH, K.-C; TODD, M. J.; TÜTÜNCÜ, R. H.: On the Implementation and Usage of SDPT3 – A Matlab Software Package for Semidefinite-Quadratic-Linear Programming, Version 4.0. In: *Handbook on Semidefinite, Conic and Polynomial Optimization*. Springer, 2012, S. 715–754

[TYOW07] TANAKA, K; YOSHIDA, H; OHTAKE, H; WANG, H. O.: A Sum of Squares Approach to Stability Analysis of Polynomial Fuzzy Systems. In: *2007 American Control Conference*, 2007, S. 4071–4076

[Vin57] VINOGRAD, R. E.: The inadequacy of the method of characteristic exponents when applied to non-linear equations. In: *Dokl. Akad. Nauk SSSR* 114 (1957), Nr. 2, S. 239–240

[VL10] VARFOLOMEEV, S. D.; LUKOVENKOV, A. V.: Stability in chemical and biological systems: Multistage polyenzymatic reactions. In: *Russian Journal of Physical Chemistry A* 84 (2010), Jan, Nr. 8, S. 1315–1323

[VPS+19] VOSSWINKEL, R; PYTA, L; SCHRÖDEL, F; MUTLU, I; MIHAILESCU-STOICA, D; BAJCINCA, N: Performance Boundary Mapping for Continuous and Discrete Time Linear Systems. In: *Automatica* 107 (2019), S. 272–280

[VR15]   VOSSWINKEL, R; RICHTER, H: Calculating regions of stability with evo-
            lutionary algorithms using R-functions. In: *European Control Conference
            (ECC)*, 2015, S. 2372–2377

[VR19a]   VOSSWINKEL, R; RÖBENACK, K: A Control Lyapunov Function Ap-
            proach Using Quantifier Elimination. In: *Proceedings of the 23nd Inter-
            national Conference on System Theory, Control and Computing*, 2019. –
            akzeptiert zur Veröffentlichung

[VR19b]   VOSSWINKEL, R; RÖBENACK, K: Determining Input-to-State and In-
            cremental Input-to-State Stability of Non-polynomial Systems. In: *In-
            ternational Journal of Robust and Nonlinear Control* (2019). – unter
            Begutachtung

[VRB18]   VOSSWINKEL, R; RÖBENACK, K; BAJCINCA, N: Input-to-State Stability
            Mapping for Nonlinear Control Systems Using Quantifier Elimination.
            In: *European Control Conference (ECC)*, 2018, S. 906–911

[VTRB17]   VOSSWINKEL, R; TONG, J; RÖBENACK, K; BAJCINCA, N: Stability
            bounds for systems and mechanisms in linear descriptor form. In: *Ilmenau
            Scientific Colloquium (ISC)*, 2017

[Vys76]   VYSHNEGRADSKY, I: Sur la théorie générale des régulateurs. In: *CR
            Acad. Sci. Paris* 83 (1876), S. 318–321

[Wan96]   WANG, Y: A Converse Lyapunov Theorem with Applications to Iss-
            Disturbance Attenuation. In: *IFAC Proceedings Volumes* 29 (1996), Nr.
            1, S. 1960–1965

[Wei88]   WEISPFENNING, V: The complexity of linear problems in fields. In:
            Journal of Symbolic Computation 5 (1988), Nr. 1-2, S. 3–27

[Wei94]   WEISPFENNING, V: Quantifier Elimination for Real Algebra — the
            Cubic Case. In: *Proceedings of the International Symposium on Symbolic
            and Algebraic Computation*, 1994, S. 258–263

[XXW07]   XU, J; XIE, L; WANG, Y: Simultaneous Stabilization and Robust Control
            for Polynomial Nonlinear Systems Using SOS. In: *American Control
            Conference*, 2007, S. 5384–5389

[YA07]   YANAMI, H; ANAI, H: The Maple package SyNRAC and its application
            to robust control design. In: *Future Generation Computer Systems* 23
            (2007), Nr. 5, S. 721–726

[YFK03] YAMASHITA, M; FUJISAWA, K; KOJIMA, M: Implementation and evaluation of SDPA 6.0 (Semidefinite Programming Algorithm 6.0). In: *Optimization Methods and Software* 18 (2003), Nr. 4, S. 491–505

[YHX01] YANG, L; HOU, X; XIA, B: A complete algorithm for automated discovering of a class of inequality-type theorems. In: *Science in China Series F Information Sciences* 44 (2001), Nr. 1, S. 33–49

[YHZ96] YANG, L; HOU, X; ZENG, Z: Complete discrimination system for polynomials. In: *Science in China Series E Technological Sciences* 39 (1996), Nr. 6, S. 628–646

[YIU⁺08] YOSHIMURA, S; IKI, H; URIU, Y; ANAI, H; HYODO, N: Generator excitation control using a parameter space design method. In: *2008 43rd International Universities Power Engineering Conference*, 2008, S. 1–4

[YST15] YANG, L; SUN, D; TOH, K.-C: SDPNAL +: a majorized semismooth Newton-CG augmented Lagrangian method for semidefinite programming with nonnegative constraints. In: *Mathematical Programming Computation* 7 (2015), Nr. 3, S. 331–366

[Zam63] ZAMES, G: Functional Analysis Applied to Nonlinear Feedback Systems. In: *IEEE Transactions on Circuit Theory* 10 (1963), Nr. 3, S. 392–404

[ZFP⁺18] ZHENG, Y; FANTUZZI, G; PAPACHRISTODOULOU, A; GOULART, P; WYNN, A: *CDCS: Cone decomposition conic solver, version 1.1.* https://github.com/oxfordcontrol/CDCS, 11.07.2018

[ZM11] ZAMANI, M; MAJUMDAR, R: A Lyapunov approach in incremental stability. In: *Proceedings of the 50th IEEE Conference on Decision and Control and European Control Conference*, 2011, S. 302–307

[ZST10] ZHAO, X; SUN, D; TOH, K: A Newton-CG Augmented Lagrangian Method for Semidefinite Programming. In: *SIAM Journal on Optimization* 20 (2010), Nr. 4, S. 1737–1765

Printed in the United States
By Bookmasters